火山岩油气储层识别与预测
——以准噶尔西北缘中拐凸起石炭系火山岩为例

范存辉　秦启荣　秦章晋　著

科学出版社

北京

内 容 简 介

本书针对制约火山岩油气勘探的关键问题，将理论研究与生产实践相结合，以准噶尔西北缘中拐凸起石炭系火山岩为研究对象，结合国内外相关领域的研究进展和成果，开展火山岩储层识别与预测研究，内容包括岩性岩相研究、储层特征研究、裂缝识别与预测、储层主控因素及评价、成藏模式及油气富集规律等。旨在通过研究，总结和提炼一套适合于火山岩油气勘探的研究思路、技术与方法，同时为邻区类似含油气盆地中火山岩油气有序勘探提供借鉴。

本书可供从事油气勘探的高校、科研院所以及生产单位参考使用。

图书在版编目(CIP)数据

火山岩油气储层识别与预测：以准噶尔西北缘中拐凸起石炭系火山岩为例/范存辉，秦启荣，秦章晋著. —北京：科学出版社，2016.9
　ISBN 978-7-03-049710-9

　Ⅰ. ①火…　Ⅱ. ①范… ②秦… ③秦… 　Ⅲ. ①准噶尔盆地-火山岩-岩性油气藏-研究　Ⅳ. ①P618.130.2

中国版本图书馆 CIP 数据核字 (2016) 第 206337 号

责任编辑：张　展　罗　莉/责任校对：王　翔　陈　杰
责任印制：余少力/封面设计：墨创文化

科学出版社 出版
北京东黄城根北街 16 号
邮政编码：100717
http://www.sciencep.com
四川煤田地质制图印刷厂 印刷
科学出版社发行　各地新华书店经销
*
2016 年 8 月第 一 版　　开本：787×1092　1/16
2016 年 8 月第一次印刷　　印张：12 1/4
字数：290 472

定价：148.00 元
(如有印装质量问题，我社负责调换)

前　言

随着国内外对石油天然气资源需求的不断攀升,作为非常规油气资源的火山岩油气藏已经成为勘探开发的重点领域和实现高产稳产的研究对象。火山岩油气藏的勘探至今已有上百年的历史,先后在北美洲的美国、墨西哥,南美洲的委内瑞拉、巴西、阿根廷,亚洲的中国、日本和印度尼西亚等环太平洋地区取得一系列的重要发现,欧洲(格鲁吉亚、阿塞拜疆、乌克兰及俄罗斯)、非洲(埃及、利比亚及安哥拉)等国家和地区在火山岩油气藏勘探中也有重要突破。中国火山岩分布面积广,总面积约为 $215.7×10^4km^2$,有利勘探区面积为 $36×10^4km^2$,特别是 2002 年以来,我国东部和西部主要含油气盆地中均获得火山岩油气的重大发现和突破,先后建成投产一批千亿方级的火山岩油气田,展示出火山岩作为油气勘探新领域的巨大潜力。

与碎屑岩和碳酸盐岩等常规储层不同,火山岩储层具有成因特殊、内幕结构复杂、岩性岩相变化大、储集空间组合类型多、裂缝发育、储渗模式复杂、油藏隐蔽性强、储层控因多等特点。储层岩性识别与岩相展布、裂缝特征与发育分布规律、储层基本特征与主控因素、成藏条件与有利储层预测等方面的研究缺乏成熟的理论和技术作为指导,仍有很多勘探难点需要解决。因此,开展火山岩油气储层表征与预测,明确火山岩储层岩性岩相展布、裂缝分布、储层特征及主控因素、储层发育规律对于解决火山岩储层认识问题,指导火山岩油气勘探具有重要的理论与现实意义。

中拐凸起位于准噶尔盆地西北缘,处于玛湖凹陷、沙湾凹陷以及盆 1 井西凹陷三大生油凹陷的油气运移指向区,油气资源丰富,勘探潜力大。自 20 世纪 50 年代以来,石炭系火山岩已探明含油面积 $12.70km^2$,探明石油地质储量 $745.00×10^4t$,但勘探程度仍然相对较低,邻区红山嘴油田探明石炭系含油面积 $7.72km^2$,探明石油地质储量 $618.05×10^4t$,已经投入开发。近几年连续在中拐凸起部署的多口探井,均取得良好的勘探效果,证明区内石炭系火山岩勘探潜力巨大。

中拐凸起勘探实践证实,制约石炭系火山岩勘探效果的因素主要包括以下几点。

(1)受喷发岩浆性质、喷发模式等影响,中拐凸起石炭系火山岩岩性复杂,火山岩岩性识别符合率低,识别效果不理想。

(2)火山岩岩相变化大,岩性岩相平面展布规律不易刻画。

(3)受火山岩岩性岩相特殊性的影响,同时受后期成岩及构造作用的控制,储层非均质性强,储层特征及主控因素研究相对滞后,影响油气藏的整体研究。

(4)火山岩储层具有"无缝不成藏"的说法,大多数火山岩油藏储层都是裂缝型储层,研究区裂缝系统发育,非均质性极强,目前对该区裂缝特征、发育程度及分布规律等特征认识不清。

(5)石炭系火山岩勘探和研究程度相对较低,钻至石炭系的探井相对较少;而且对于火山岩储层而言,其岩石结构多样、矿物组分复杂,成藏条件受岩性、裂缝发育、构造条件、外部环境等多方面因素影响，使其成藏规律难以明确。

针对制约中拐凸起火山岩油气勘探的关键问题，本书将理论研究与生产实践相结合，以中拐凸起石炭系火山岩储层为研究对象，结合国内外相关领域的研究进展和成果，开展火山岩储层识别与预测研究，旨在通过研究，总结和提炼一套适合火山岩储层表征与预测的研究思路、技术与方法，同时为类似含油气盆地中火山岩油气有序勘探提供借鉴。

本书在编写过程中得到中国石油天然气集团公司新疆油田分公司勘探开发研究院邵雨、支东明、姚卫江、梁则亮、党玉芳、李学义、邢成智、袁云峰、尚玲、黄易等的大力支持与指导，同时也得到西南石油大学张哨楠教授、刘向君教授、周璐教授、苏培东教授、胡明教授的帮助。

本书的出版得到西南石油大学地球科学与技术学院领导、专家和西南石油大学科研处领导的支持，在此表示感谢！

由于笔者水平有限，本书难免存在错误及不足之处，恳请广大读者不吝赐教，批评指正。

目　　录

第一章 绪 论

世界上对火山岩油气藏的研究已有 100 多年的历史，第一个火山岩油气藏于 1887 年在美国加利福尼亚州的圣华金盆地发现。目前在全世界范围内，与火山岩有关的油气藏数量庞大。火山岩油气藏的勘探经历偶然发现阶段、局部勘探阶段和全面勘探阶段。1925 年，美国在得克萨斯州白垩系(K)—古近系(E)地层发现的火山岩油气藏就是属于偶然发现阶段，日本在 1958~1978 年发现的火山岩油气藏则属于局部勘探阶段，在 20 世纪 70 年代以后，越来越多的研究学者发现火山岩也可以成为好的储集层，从而形成大的油气藏，这推动了火山岩油气藏进入全面勘探阶段。目前已发现的阿根廷帕姆帕—帕拉乌卡油气藏、日本新潟盆地吉井—东帕崎气藏都是大型火山岩油气藏。

我国火山岩油气藏的勘探开始于 20 世纪 50 年代。比其他国家晚，1957 年首次在准噶尔盆地西北缘发现，到 20 世纪 90 年代初期，火山岩油气勘探主要集中在准噶尔盆地西北缘和渤海湾盆地辽河、济阳等拗陷；从 2002 年开始，在中国东西部盆地全面开展了火山岩油气藏的勘探部署，相继在松辽盆地、海拉尔盆地、二连盆地、三塘湖盆地、准噶尔盆地等 14 个含油气盆地发现了火山岩油气藏。受大地构造演化背景的控制，我国火山岩油气藏分布具有明显的"分异性"，西部盆地火山岩油气藏储层主要形成于华力西运动晚期和燕山运动期，例如准噶尔盆地西北缘石炭系火山岩油气藏就是一个典型的代表；东部盆地火山岩油气藏主要形成于晚侏罗世—早白垩世。就世界而言，火山岩油气勘探储量仅占全球油气储量的 1%，但其勘探潜力巨大。我国盆地火山岩油气藏探明储量虽然可观，但各地区勘探程度相差较大，西部地区勘探程度较低，仍然是勘探的新领域，东部松辽盆地等勘探程度较高，但是对老油田而言，火山岩仍然是其勘探挖潜、扩大储量、增加产量和满足需要的重点研究对象。火山岩油气藏对缓解我国能源危机有着十分重要的作用，也预示着火山岩油气藏已成为我国能源研究的重要领域。

第一节 全球火山岩油气勘探进展

火山岩广泛分布于世界各地的含油气盆地中，是含油气盆地的重要组成部分。20 世纪以前的油气勘探开发，储层研究的目标往往都是针对与沉积作用有关的岩石，对火山岩与油气储层的关系极少开展研究。随着油气勘探开发的进展和能源需求的不断攀升，火山岩油气藏不断被发现，引起石油界学者们的高度关注和兴趣。

一、全球火山岩油气勘探历程

20 世纪初，人们开始关注和研究含油气盆地中的火山岩储层。1896 年投产的美国得克萨斯州 Interior Coastal Plain 火山锥上覆的砂岩和石灰岩储层(白垩纪—始新世)的油藏，是较早与火山岩有关的油藏。1907 年在墨西哥富贝罗白垩纪—古近纪辉长岩中发现的油藏(Furbero)是最早的火成岩油藏。据新闻报道,墨西哥 Vera Cruz 盆地的 Furbero 油田,其第一口生产井"Furbero No. 2"于 1907 年完钻,深度为 580.64m,有两个生产层位,一个是页岩层,另一个是辉长岩层。截至 1936 年 12 月,Furbero 油田共钻 14 口生产井,1936 年产石油 39 797 桶(约 5429t)。Furbero 油田的重要意义在于它代表了一种在火成岩及其周围岩石中形成的新型的油气沉积类型——其储层为分解的辉长岩床或与它毗邻的变质页岩,出现在火成岩和沉积岩中的石油达到商业数量。这一发现曾一度让人们对于火成岩储层充满期待。但由于缺少后续的持续发现,对火山岩油气藏的关注经历了由起步、兴起到逐渐冷却的过程。

Udden 于 1915 年发现美国得克萨斯州 Williamson 郡 Thrall 油田的储层中独特的石油现象,其含油岩被认为是一个海底喷发岩,现在很大程度上蚀变成蛇纹岩。该岩石为绿色多孔且不纯,包含辉石、橄榄石、绿泥石、绿帘石和赤铁矿,原岩为含玻璃质、角砾和杏仁的熔岩,另外还有一些火山凝灰岩。

1931 年,Powers 在对北美石油进行研究时指出,除了常见的砂岩、石灰岩、白云岩、燧石和长石砂岩储层外,在古巴出现蛇纹岩储层,在得克萨斯州中南部一些油田中出现蛇纹岩和凝灰岩储层,在墨西哥 Furbero 油田出现以玄武岩和被火成岩烘烤的泥灰岩储层。

1932 年,Powers 和 Cla 指出,当年全球火成岩和变质岩中产出的石油已超过 1500 万桶,古巴北部和西北部溢流玄武岩中发现火山岩气田,并在蛇纹岩中发现了数百万吨沥青。与火成岩侵入体相关的石油渗漏导致当时一些全球最大的油田在墨西哥被发现,火成岩中油、气、沥青的渗漏和痕迹指示世界其他很多至今还没有发现石油的地方可能存在商业化油气生产的可能。

随后,在勘探浅层其他岩类油气藏时,火山岩储层也有发现,但是一直未引起重视和开展系统研究。1953 年,委内瑞拉在 Lapaz 油田火山岩储层中获得高产油流,其最高单井日产量达到 1828m^3,这是世界上第一个有目的的勘探并获得成功的火山岩油田,其发现标志着对火山岩油气藏的认识进入一个新阶段。

1971 年,在澳大利亚 Browse 盆地发现 Torosa(又名 Scott Reef)气田,该气田储层包括(但不限于)侏罗系溢流玄武岩,可采天然气储量约为 3879.4×10^{8}m^3、石油约为 1787×10^{4}t,普遍认为该气田为目前世界上最大的火山岩油气田。

20 世纪 70 年代以后,随着勘探技术的不断提高,在世界范围内广泛开展了火山岩油气勘探,在日本、阿根廷、印度尼西亚、澳大利亚、越南、新西兰、巴基斯坦、美国、墨西哥、巴西、委内瑞拉、古巴、俄罗斯、格陵兰、格鲁吉亚、阿塞拜疆、意大利、阿尔及利亚、加纳、纳米比亚、刚果等诸多国家和地区已经勘探开发了一定规模的火山岩油气藏。

这一期间发现的火山岩油气藏最具有代表性的有以下几个。

(1)俄罗斯穆拉德汉油田,其储集岩为一套经次生蚀变、裂缝发育的火山喷发岩,埋深 2900~4900m,单井日产油 2~500t,尤其在火山岩裂缝发育带,可以持续高产。

(2)俄罗斯萨姆戈里油田,其储集岩为多期次喷发的流纹岩,热液蚀变作用使流纹岩原生孔隙受到改造并形成次生孔隙,裂缝发育,埋深 2500~2800m,日产油 150~350t,可持续稳产高产。

(3)日本新潟盆地火山岩气田,其储层以流纹岩为主,单井日产气一般为 20×10^4~

$50 \times 10^4 m^3$，保持稳产开发 20 多年。

(4) 美国内华达州 Trap Spring 油田，其勘探面积为 $100 km^2$，其中火山岩勘探面积占 70%，可采储量 7 亿桶，储量和油气丰度较大。

世界上对火山岩油气藏的研究已有 100 多年的历史，目前在世界范围内已发现 300 多个与火山岩有关的油气藏或油气显示，其中已经探明的有 170 余个。世界范围内对火山岩油气藏勘探和研究历程大致分为四个阶段。

1. 第一阶段(20 世纪 50 年代以前)

20 世纪 50 年代以前是火山岩油气勘探的早期偶然发现阶段。在这一时期大多数火山岩油气田都是在勘探浅层其他油藏时偶然被发现的。当时，有相当一部分人认为火山岩含油气只是一个偶然现象，或是一种特殊情况，不会有什么经济价值，因此未进行系统研究。例如，1925 年美国在得克萨斯州白垩系(K)—古近系(E)地层发现的火山岩油气藏就是属于偶然发现阶段，但有学者持否定态度。显然，由于认识上的偏见，给寻找这类油气田带来了很大的障碍。

2. 第二阶段(20 世纪 50 年代初～70 年代末)

20 世纪 50 年代初～70 年代末是局部勘探阶段。这一时期，人们逐渐认识到火山岩中的油气聚集并非偶然现象，于是开始给予一定的重视，并在局部地区有目的地开展了针对性的勘探。特别是 1953 年委内瑞拉 Lapaz 油田火山岩油田的发现，标志着对火山岩油气的勘探上升到了一个新的水平。除此之外，勘探上典型的发现还有日本 Akita 盆地和新潟(Niigata)盆地古近—新近系火山岩油气藏。但这一时期火山岩油气藏的勘探、开发及研究总体上比较平淡。

3. 第三阶段(20 世纪 80 年代初～20 世纪末)

20 世纪 80 年代初～20 世纪末是局部突破阶段。随着火山岩油气藏的不断被发现，人们逐渐开始对这一类型的油气藏开展系统细致的研究，在全世界范围内开展了广泛的火山岩油气勘探，并发现多个火山岩油气藏。1997 年，阿根廷将油气产能最高的 Neuquen 盆地中的火山单元作为潜在的储层开展重点研究，标志着火山岩成为世界油气勘探的重要新领域。

4. 第四阶段(21 世纪初至今)

20 世纪初至今是全面突破和成熟阶段。这一时期的典型特点是在勘探上取得了一系列重大突破和新发现，同时随着先进勘探手段的采用和勘探精度的提高，火山岩油气勘探的理论和技术水平得到空前的提高并日益成熟。2002 年之后在中国取得徐深气田、克拉美丽气田、长深气田等一系列较为重要的火山岩油气田的新发现。而伦敦 Geological Society 也在 2003 年出版《结晶岩中的油气》，标志着对火山岩油气藏的研究走向成熟和深入。

二、全球火山岩油气藏的分布

与常规油气藏一样，火山岩油气储层在全球 20 多个国家、330 多个含油气盆地或区块内广泛分布(图 1-1)。其中已经发现的油气藏有 170 余个，油气显示 60 余处，油气苗 100 余处。从目前发现的火山岩油气藏来看，其分布地层的时代性和区域性很强，主要分布在太古界、石炭系、二叠系、白垩系、古近系和新近系六套地层中，在白垩系、古近系和新近系中发现的火山岩油气储层较多，其次是石炭系和二叠系。勘探深度一般在地表以下3000m以内。

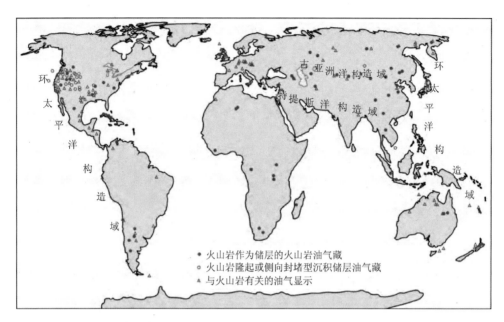

图1-1　全球火山岩油气显示及火山岩油气田分布图(Schutter，2003)

从分布的区域上来看(图1-1)，火山岩油气藏主要分布在环太平洋、地中海和中亚地区，基本上处于构造板块或者古板块的边界上，仅有少量火山岩油气藏分布于板块内部。其中环太平洋地区是火山岩油气藏分布的主要地区，先后在北美洲的美国、墨西哥、古巴，南美洲的委内瑞拉、巴西、阿根廷，以及亚洲的中国、日本和印度尼西亚等国家和地区发现了火山岩油气藏(表1-1)，近期在欧洲的格鲁吉亚、阿塞拜疆、乌克兰及俄罗斯等国家也有重要发现；非洲大陆周缘也有所发现，比如北非的埃及、利比亚、摩洛哥以及中非的安哥拉，都已经发现火山岩油气藏。

在世界范围内，相对于沉积储层而言，目前火山岩储层及其油气藏的研究还很薄弱。究其原因，主要有以下三点。

(1)就全球范围讲，火山岩储层的油气意义(总体规模和数量)还远不及沉积岩，对其进行详细研究的产业原动力小。

(2)火山岩具有岩性和岩相变化快、储集空间和成藏系统复杂等特点，研究起来难度更大。

(3)含火山岩序列通常发育在盆地充填层序的下部，资料获取和勘探开发的技术难度大。

随着世界上越来越多的火山岩油气藏陆续被发现，人们逐渐认识到，火山岩作为油气的主要储集岩类之一，已成为油气勘探与开发不可忽视的领域。无论陆相环境，还是海相环境，都具备火山岩喷发条件，可形成一定规模的火山岩体。据统计，在沉积盆地中，火山岩可占到充填体积的1/4，一旦具备成藏条件，可形成大型、超大型油气田。

表1-1 国外火山岩油气藏分布（Schutter，2003，有修改）

国家	油气藏名称	发现年份	层位	岩类	油、气层				单井日产	油气藏面积/km²
					深度/m	厚度/m	孔隙度/%	渗透率/mD		
美国	得克萨斯 立顿泉	1925	白垩系	蛇纹岩	330~420	平均4.5			1~685t	5.6
	得克萨斯 雅斯特	1928	白垩系	蛇纹岩	400~500	平均4.5			1~274t	0.35
	沿岸平原	1915~1974	白垩系	橄榄玄武岩						
	亚利桑那 丹比凯亚	1969	古近系、新近系	安山集块岩	850~1350	18~49	5~17	0.01~25	103t	6
	内华达 特拉普泉	1976	古近系、新近系	正长岩	2000					8
			古近系、新近系	粗面岩						
	格鲁吉亚 萨姆戈里-帕塔尔祖科	1974~1982	古近系	凝灰岩	2500~2750		0.1~14	断裂控制	85t	30
	阿塞拜疆 穆腊德汉雷	1971	白垩系、新近系	凝灰角砾岩、安山岩	2950~4900	100	平均20.2	1~2.3	12~64t	
	乌克兰 外喀尔巴阡	1982	新近系	流纹英安、凝灰岩	1580	300 500	6~13	0.01~3	13.75万立方米	
加纳	博森泰气田	1982	第四系	落块角砾岩	500	125	15~21		8.9万m³（气）	15
日本	富士川	1964	新近系	安山集块岩	2180~2370	75	15~18		50万m³（气）	2
	古丰-东柏崎	1968	新近系	流纹塔岩、凝灰角砾岩	2310~2720	111	9~32	150	50万m³（气）	28
	片贝	1960	新近系	安山集块岩	750~1200	139	17~25		20万m³（气）	2
	南长冈	1978	新近系	流纹角砾岩		几百	10~25	1~20		
印度尼西亚	贾蒂巴朗	1969	古近系	安山岩、凝灰角砾岩	2000	15~60	6~10	断裂控制	85t	30
古巴	哈其包尼科	1954	白垩系	凝灰岩	330~390				100~120t	
	南科里斯塔列斯	1966	白垩系	凝灰岩	800~1100	100			最高80t	0.25
	古那包	1968	白垩系	火山角砾岩	800~950	150			150~700t	0.4
墨西哥	富贝罗	1907	古近系	辉长岩					9t	
阿根廷	塞罗-阿基特兰	1928	白垩系、新近系	安山岩、安山集块岩	120~600	75	20		10t	
	图平加托		白垩系、新近系	凝灰岩	2100				89t	
	帕帕帕-帕拉乌卡		三叠系	流纹岩、安山岩	1450		3~11	<1	100t	
委内瑞拉	Lapaz油田	1953							1828t	

Schutter 综合分析全球范围内 100 多个国家已发现和开采的火山岩油气藏后认为：火山岩中可以蕴含具有重要商业价值的油气资源，火山岩及相关岩石中的烃源既可以是有机形成，也可以是无机来源。火山岩可以具备好的储集性能，并可形成其特有的圈闭结构。这与特定时代构造活动、盆地断陷裂谷形成和火山作用密切相关。环太平洋构造域形成时代较新，火山活动频繁，火山岩分布面积广，岛弧及弧后裂谷发育，火山岩与沉积盆地具有良好的配置关系，地域广，是全球火山岩油气藏最富集的区域。晚古生代形成的古亚洲洋构造域在中亚地区分布面积广，后期为中新生代陆相含油气覆盖，形成叠合盆地，保存相对完好，具备新生古储的良好成藏条件，是全球今后火山岩油气藏第二个有利前景区。环地中海位于特提斯洋的西端，构造活动与裂谷形成及火山活动具有一致性，具备火山岩油气成藏背景，也是今后寻找火山岩油气藏的重要区域。

第二节　国内火山岩油气勘探进展

我国火山岩油气藏的勘探开始于 20 世纪 50 年代，比其他国家晚。1957 年首次在准噶尔盆地西北缘发现克拉玛依石炭系火山岩油藏，到 20 世纪 90 年代初期，火山岩油气勘探主要集中在准噶尔盆地西北缘和渤海湾盆地辽河、济阳等拗陷；从 2002 年开始，在中国东西部盆地全面开展了火山岩油气藏的勘探部署，相继在松辽盆地、海拉尔盆地、二连盆地、三塘湖盆地、准噶尔盆地等 14 个含油气盆地发现火山岩油气藏。

受大地构造演化背景的控制，我国火山岩油气藏分布具有明显的分异性，西部盆地火山岩油气藏储层主要形成于华力西运动晚期和燕山运动期，例如准噶尔盆地西北缘石炭系火山岩油气藏就是一个典型的代表；东部盆地火山岩油气藏主要形成于晚侏罗世—早白垩世。就世界而言，火山岩油气勘探储量仅占全球油气储量的 1%，但其勘探潜力巨大。我国盆地火山岩油气藏探明储量虽然可观，但各地区勘探程度相差较大，西部地区勘探程度较低，仍然是勘探的新领域，东部松辽盆地等勘探程度较高，但是对老油田而言，火山岩仍然是其勘探挖潜、扩大储量、增加产量和满足需要的重点研究对象。火山岩油气藏对缓解我国能源危机有着十分重要的作用，也预示着火山岩油气藏已成为我国能源研究的重要领域。

一、国内火山岩油气勘探历程

中国含油气盆地及周边地区火山岩分布面积广，总面积约为 $215.7 \times 10^4 km^2$，有利勘探区面积为 $36 \times 10^4 km^2$，有较好的火山岩油气勘探基础。特别是 2002 年以来，我国东部和西部主要含油气盆地中均获得了火山岩油气的重大发现和突破，先后建成投产了一批千亿方级的火山岩油气田，展示出火山岩作为油气勘探新领域的巨大潜力。

我国的火山岩油气勘探历程大致分为 3 个阶段(表 1-2)。

表1-2 国内火山岩油气藏分布（张子枢等，1994，有修改）

地区	油气藏名称	发现年代	层位	岩类	油、气层 深度/m	厚度/m	孔隙度/%	渗透率/mD	油气藏面积/km²	油气藏类型
渤海湾盆地 济阳拗陷 东营凹陷	滨南油田	1982	古近系	玄武岩、安山质玄武岩	1698	25	19.3	2.6	20	不整合背斜
	高青油田		古近系	玄武岩、安山质玄武岩	1000	10~25	4.3~23.9	0.14~13		
惠民凹陷	阳信洼陷油田阳4-沙4油藏		古近系、新近系	玄武岩、安山质玄武岩	1334~1955	36~40	1.6~25.3	0.08~80		断层-岩性圈闭
	临盘临9断块	1985	古近系、新近系	凝灰岩	1860~1910	30	8.2	1.85		
	商河3区		古近系、新近系	玄武岩、辉绿岩	1925~1943	103				
	皇甫夏13-14井		古近系、新近系	凝灰岩	1400~2100	800				
沾化凹陷	罗家		古近系	角砾岩、辉绿岩	3000~3300	<190	0.8~34	0.018~280		岩性圈闭
冀中拗陷	曹家务气田	1985	古近系	辉绿岩	3624~3760	18.2	14.88	8.32	30	断鼻
渤中拗陷 石臼坨凸起	428（西）油田	1979	侏罗系	玄武岩	2844~3210	32~57	10.2~22.8	2.1~17	11.2	穹窿背斜
黄骅拗陷	风化店	1986	上侏罗统	安山岩	2756~3168	57	7.3	3.9~60	20	
	港西、南大港、羊三木		上侏罗统	安山岩		216	15.5			
	王官屯		古近系、新近系	玄武岩		30~40			12	
	乂东		古近系、新近系	玄武岩		70			50	
辽东湾海域	锦州20-2构造	1988	侏罗系		2440~2800					构造-地层圈闭
辽河拗陷 东部凹陷	热河台-欧利坨子		古近系	粗面岩	2176~3374	100~400	1.33~15.36	0.008~15.36		
	黄沙坨		古近系	粗面岩	2960~3650	150~370	2.8~17.5	1~4.7		
	青龙台		古近系	辉绿岩	2850~3700	8~181	8.36	11.93		
西部凹陷	牛心坨		中生界	流纹岩、安山岩、角砾岩、凝灰岩	1000~2700	200~800	0.7~11.8	0.08~52.2		
	大洼		古近系	玄武岩		0~230	3.1~12.7	0.021~10.5		
			白垩系	安山岩、角砾岩、凝灰岩	1700~3400	10~260	3.5~23.6	0.012~81.6		

续表

盆地	坳陷/凹陷	构造/地区	发现年份	层系	岩性	埋深	厚度	孔隙度	渗透率	面积	油藏类型
四川盆地		周公山	1980	上二叠统	玄武岩	2870~2883	30	3.12	9		断块背斜
四川盆地		周公山	1986	上二叠统	玄武岩	2870~2883	30	3.12	9		断块背斜
四川盆地川西		周公山		上二叠统	玄武岩	2870~2883	30	3.12			断块背斜
准噶尔西北缘克拉玛依油田		五区、八区	1980	石炭系	玄武岩	700~1000	30.9	9	1.69	32	共14个油藏
		六区、七区、九区	1986	石炭系	安山岩	1500		10.49	1.22	48.4	断块型
准噶尔盆地	准噶尔腹部	红车地区		石炭系、二叠系	玄武岩、安山岩、火山角砾岩	1000~4000		14.7			地层型
		石西地区	1991	石炭系、二叠系	玄武岩、安山岩、辉绿岩、凝灰岩	2916~6010	360	1.71~21.49	0.04~40.62		
		克拉美丽地区	1993	石炭系	玄武岩、安山岩、角砾岩、凝灰岩	3000~4000		8.9~10.4	0.085~0.212		背斜、断块、岩性
		五彩湾地区	1981	石炭系	安山岩、玄武岩、流纹岩、角砾岩、凝灰岩	1400~3650		0.7~30.8	0.001~108.35		断块油田
	准噶尔东部	卡扬—河南17构造	1989	古近系	玄武岩	1604~1620	37	14.5	36		
		卡东构造	1989	古近系	玄武岩						
苏北盆地	东台坳陷 金湖凹陷	S1构造	1990	古近系	玄武岩	4109		8.1~18.9	8.7		
	盐城凹陷			白垩系	凝灰岩	3500		6.3~12.8	0.1~15		岩性气藏
松辽盆地	徐家围子断陷	兴城	2001	白垩系	凝灰岩		100	5.47~10	0.1~10		见油气显示
	长岭断陷	哈尔金构造	2005	二叠系	英安岩、玄武岩、安山岩、火山角砾岩	>5000		0.8~19.4	0.01~10.5		层状油气藏
塔里木盆地	塔中隆起北部斜坡	石炭系哈尔加乌组	2001	侏罗系	安山岩	700	33.8	19.5	11~42	15	岩性-地层
二连盆地	马尼特坳陷东部	阿北油田	1981	上古生界	安山岩	800~900		8.7	5		
	马朗凹陷	牛东卡拉组油藏		石炭系	凝灰岩	700~2300		4~8	0.05~1.23		
三塘湖盆地	马朗凹陷	哈南油田		石炭系	安山岩		49.2	9.16	0.41		
江汉盆地	江陵凹陷	金家场构造鼻	1994	古近系	蚀变安山岩	2020~2050		18~23	4~9	1.67	断鼻油藏
海拉尔盆地	乌尔逊—贝尔凹陷	兴安潜山群		上侏罗统	玄武岩、安山岩			3.6~13	1~214		地层-构造圈闭
银根盆地	查干德勒苏拐陷 贝尔回陷	苏图江组		三叠系	蚀变玄武岩、安山岩		5	5	0.03		
	查干回陷	布达特群潜山		下白垩统	玄武岩、安山岩		503.5	17	100	100	构造-地层圈闭

1. 偶然发现阶段(1957~1990 年)

该阶段的发现主要集中在准噶尔盆地西北缘和渤海湾盆地辽河、济阳等拗陷。西部准噶尔盆地在此阶段主要发现了克拉玛依五八区佳木河组火山岩气藏,561 井于 1984 年 7 月在深度 2438~2449m 试气,获得日产气 2020m^3;东部辽河拗陷于 1965 年首次在 L2 井发现了火山岩油藏,随后在东部凹陷 6 个区块发现火山岩油藏,获工业油流井及显示井达 24 口;20 世纪 70 年代,济阳拗陷在 Y13 井、L14 井、X8 井分别钻遇火山岩油藏。

2. 局部勘探阶段(1990~2002 年)

随着地质认识的不断提高和勘探技术的不断进步,开始在渤海湾和准噶尔等盆地个别地区开展针对性的勘探。西部准噶尔盆地在 1992 年克拉玛依油田 581 井二叠系佳木河组测试获日产气 6.514×10^{4}m^3,上报 561 井、581 井、K82、K84 井探明含气面积为 18.29km^2,地质储量为 145.15×10^{8}m^3,可采储量为 111.4×10^{8}m^3。济阳拗陷于 1994 年在 D72 井钻遇火山岩油藏,1995 年枣北火山岩油藏探明地质储量为 1050×10^{4}t,1997 年在 S741 井、L150 井、O26 井火成岩中获得日产 150t 以上的高产油流。松辽盆地于 1992 年 5 月在 S2 井钻遇火山岩气藏,测试获日产气 32.697×10^{4}m^3,上报天然气地质储量 31.45×10^{8}m^3。

3. 全面勘探阶段(2002 年以后)

2002 年以来,在渤海湾、松辽、准噶尔等盆地全面开展了火山岩油气藏的勘探部署,取得突飞猛进的发展和重要的突破。先后在松辽盆地深层、渤海湾盆地黄骅拗陷、辽河盆地东部凹陷、准噶尔盆地、三塘湖盆地发现一批规模油气藏,特别是随着 2002 年松辽盆地徐家围子大型火山岩气田的发现,中国火山岩油气勘探进入了新的阶段,开始了针对火山岩目的层的工业化勘探。

准噶尔盆地于 2004 年 4 月在陆东—五彩湾地区 DX10 井石炭系火山岩中获得高产气流,从而发现陆东地区石炭系火山岩气藏,经过几年的勘探,建成储量超过 1000×10^{8}m^3 的克拉美丽气田;在与准噶尔盆地一山之隔的三塘湖盆地,在牛东地区发现自生自储式的大型火山岩油藏,目前已发现了牛东、牛圈湖、石板墩 T5 井区以及牛东—马中四个石炭系火山岩油藏。松辽盆地于 2005 年在长岭断陷 CS1 井火山岩中试气获日产气 46×10^{4}m^3,无阻流量 150×10^{4}m^3,这是松辽盆地南部发现的第一个高产大型整装火山岩气藏,目前长岭气田已经提交天然气三级地质储量超 2000×10^{8}m^3,探明天然气储量超过 700×10^{8}m^3;另外,海拉尔盆地、苏北盆地、渤海湾盆地、江汉盆地等均发现具有工业规模的火山岩油气藏。就中国范围内而言,截至 2006 年年底,中石油提交的火山岩中探明石油储量已经达到 4.7×10^{8}t,溶解气地质储量达到 229.4×10^{8}m^3,探明天然气地质储量达到 1249.2×10^{8}m^3,火山岩中发现的探明油气总量达到 7.3×10^{8}t 油当量。而截至 2014 年年底,中国火山岩中已探明石油地质储量达 5.4×10^{8}t 以上,探明天然气地质储量达到 4800×10^{8}m^3 以上(图 1-2)。

二、国内火山岩油气藏的分布

我国的火山岩油气勘探至今已经经历了 50 多年,但是火山岩油气藏的的规模发现则是在 2004 年以后,先后在松辽盆地和准噶尔盆地发现大规模分布的火山岩气藏,估计天然气资源量达数万亿立方米,三级储量近万亿立方米,是目前世界上最大规模的火山岩气藏。

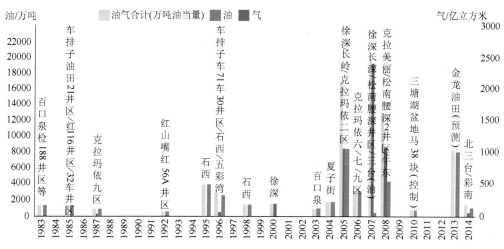

图 1-2　中国火山岩油气藏探明地质储量勘探历程(王洛等，2015)

目前，中国已在 14 个含油气盆地中发现了火山岩油气藏或者油气显示(图 1-3)。从已经发现的火山岩油气藏来看，我国的沉积盆地主要发育三套火山岩地层，分别是石炭系—二叠系、侏罗系—白垩系、古近系—新近系。其中古生界火山岩主要分布在中国西部晚石炭世—早二叠世地层中，如准噶尔盆地上石炭统—下二叠统油气藏、四川盆地上二叠统气藏。中生界火山岩油气藏主要分布在中国东部，以松辽盆地为例，火山岩油气藏主要发育在下白垩统营城组和上侏罗统火石岭组。新生界火山岩油气藏则主要分布在中国东部古近系—新近系地层中，如渤海湾盆地、苏北盆地、江汉盆地、三水盆地等。

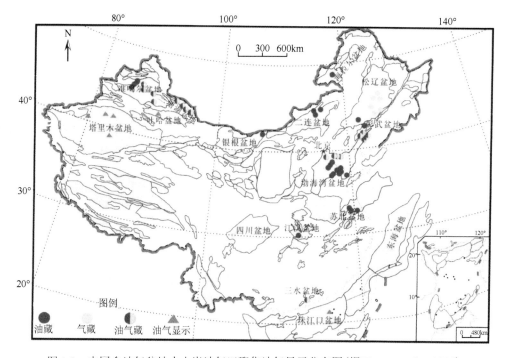

图 1-3　中国含油气盆地火山岩油气田聚集油气显示分布图(据 Huang et al.，2002)

从空间位置上看，中国火山岩油气藏可分为东部和西部两个地区。中国东部地区火山岩主要发育于裂陷盆地，受控于中、新生代以来太平洋板块向中国大陆俯冲消减构成的陆内裂谷环境。以准噶尔盆地为代表的西部地区盆地内火山岩的发育与古亚洲洋、古特提斯洋的形成、闭合及其引发的造山作用密切相关。

第三节　火山岩油气藏地质特征及开发特征

一、火山岩油气地质特征

（一）火山岩油气藏的形成条件

(1)有利的火山活动时期。沉积盆地中火山活动与大地构造活动密切相关，构造活动可以破坏已经形成的油气藏，也会促使油气的聚集，从而形成新的油气藏。如果火山岩形成时期在该区主要生油期之前，火山活动提供的热能不仅可以促进有机质热解向烃类转化并运移进入火山岩聚集成藏，而且火山活动可提供捕获油气的有利圈闭；如果火山活动发生在油气运移聚集之后，则会对已形成的油气藏起破坏作用。

(2)邻近良好的生油岩。由于火山岩本身不能生油，所以火山岩油气藏的形成，其必要条件是在其附近存在良好的生油岩。火山岩与生油岩有四种组合关系：第一种是火山岩体刺穿上覆沉积岩，位于生油岩之中；第二种比较多见的是火山岩夹于沉积岩或生油岩之中，与生油岩平行分布呈上下叠置的关系；第三种为火山岩覆于生油岩之上；第四种为火山岩伏于生油岩之下。

(3)具有良好的储集层。一般熔岩相、枕状角砾岩相及砾屑、砂屑结构的火山岩具有良好的储集物性，在风化侵蚀带及构造破碎带，次生孔隙、溶洞和裂缝发育，往往具有更高的储集物性。当生油盆地中缺乏其他良好储集岩时，火山岩的存在显得更为重要。

(4)盖层的形成与石油运移、聚集时间的良好配合。如日本新潟"绿色凝灰岩"的盖层为其顶部的灰岩和下伏薄层泥岩。凝灰岩在油气初次运移、聚集时尚未固结，石油可以通过它聚集于下伏火山岩中，后来经压实及次生变化而形成不渗透盖层。

(5)有利的疏导体系和封闭条件。在潜山上的火山岩曾长期遭受风化剥蚀作用，次生缝洞发育，侵蚀不整合面不仅能作为油气远距离运移的良好通道，而且是形成油气遮挡的有利条件。火山岩基底断裂喷发又受到后期断裂破碎带作用的影响，形成连通性良好的储集层，断层还可以使火山岩储集层与生油岩直接接触，对油气运移和聚集很有利。

(6)有效的圈闭形成。火山作用对油气圈闭形成的影响可分为两类：一是火山岩或者侵入岩直接作为储集层，形成构造或岩性圈闭；二是火山岩与沉积岩相互配置，形成侧向遮挡型、披盖背斜型和局部盖层型等圈闭。

(7)继承性发育的构造高点。当火山岩体处于继承性发育的构造高点时，储集物性一般都比较好，构造高点同时也是油气运移的最优指向部位，为油气聚集的有利地带。

(二)火山岩油气藏的地质特征

与碎屑岩和碳酸盐岩等常规油气藏不同，火山岩油气藏主要具有以下地质特征(表 1-3)。

表 1-3　火山岩储层地质特点及研究难点(据冉启全等，2011，有修改)

研究内容	地质特点		火山岩储层研究难点	
	沉积岩	火山岩	研究内容	难点
内幕结构	"砂包泥"或"泥包砂"内幕结构特征	火山建造-火山机构-火山岩体-火山岩相-火山岩性组成的多级内幕结构	火山岩建造、火山机构、火山岩体、火山岩相及储渗单元的形态、规模、叠置关系及空间分布	从高级次到低级次，内幕结构规模变小、形态及叠置关系更复杂，与围岩差异更小，识别和表征难度增大
微观孔隙结构	①以粒间孔及其溶孔为主 ②喉道主要为孔隙缩小型 ③孔缝组合单一 ④储渗模式简单	①气孔、粒间孔、溶孔、裂缝发育，具多重介质特征 ②喉道类型多 ③孔缝组合类型多，储渗模式复杂	①储集空间、喉道成因类型、形态、大小、储集能力、渗流能力 ②储渗模式类型及储渗能力、分布特征 ③储层微观可动性	①储集空间类型多、孔洞缝组合关系复杂，储集能力表征难 ②喉道成因复杂，喉道配置关系复杂，渗流能力表征难 ③孔缝组合方式多、储渗模式复杂，储层可动用性评价难
有效储层	①岩性单一，有效储层类型少 ②裂缝类型少 ③气水关系相对简单 ④非均质性相对弱 ⑤受砂体及物性控制，层状分布	①岩性复杂，有效储层类型多 ②裂缝类型多 ③气水关系复杂 ④非均质性强 ⑤受复杂内幕结构控制，不规则分布	①有利岩性岩相带分布 ②裂缝发育带展布 ③气水分布 ④有效储层分类及识别 ⑤有效储层空间展布	①岩性复杂，成分相同的火山岩地震响应差别小，地震预测难 ②岩性变化快，内幕结构复杂，受岩性边界和内幕结构边界影响，裂缝预测难 ③低阻气层识别难 ④内幕结构复杂，有效储层不规则分布，实现体控地震反演难
储层参数	①岩石骨架参数变化小 ②储渗模式单一 ③导电机理相对简单 ④裂缝以构造缝为主，特征简单	①岩石骨架参数变化大 ②储渗模式复杂 ③导电机理复杂 ④裂缝类型多，特征复杂	①基质孔隙度、渗透率、含气饱和度解释 ②裂缝宽度、密度、长度、孔隙度、渗透率、含气饱和度解释	①储集空间、喉道和储渗模式复杂，导致渗透性特征复杂，渗透率解释难度大 ②岩石导电机理复杂，不同类型孔隙中流体分布及赋存状态复杂，饱和度解释难度大

1. 储层岩类复杂，岩性岩相差异大

世界上多个国家都有火山岩油气藏的勘探经历，从火山岩油气藏储层岩石类型来看，大体上可以分为三类：一是熔岩和熔岩角砾岩，二是火山碎屑岩，三是火山碎屑-沉积混合型岩石，不同岩类均可在一定的地质条件下形成有效储层。日本的新潟县吉井—东柏椅气田产层位于古近系的"绿色凝灰岩"的流纹岩中，美国内华达州伊格尔泉和特拉普泉油田则产于古近系流纹凝灰岩中，我国准噶尔盆地西北缘石炭系火山岩油气藏储层主要的岩石类型为凝灰岩、火山角砾岩等火山碎屑岩以及安山岩、玄武岩等火山喷发岩，同时含有少量的砂岩，属于火山碎屑-沉积混合型岩石。东部松辽盆地火山岩油气藏储层主要岩类为酸性火山熔岩和火山碎屑岩，目前已经实现火山岩气田的整体开发。

火山岩中几乎包含了地壳中所有的元素和阳离子氧化物存在形式，岩石成分复杂，受火山喷发方式和成岩作用的影响，火山岩的岩石结构和岩石构造类型多、变化大。根据火

山喷发方式、喷发能量以及岩石组合特征，火山岩岩相可以分为火山爆发相、溢流相、侵出相、火山通道相、次火山岩相以及火山沉积相等；根据其产出位置和岩石学特征，又可以划分出20余种亚相类型，使得火山岩岩性岩相具有类型多、变化快、形态叠置关系复杂的特征，分布规律及勘探目标难以把握。

2. 储层储集空间复杂多样

与沉积岩相比，火山岩储集空间类型和组合更加复杂多样，火山岩储层的储集空间都要经过复杂的次生变化才能最终形成。火山岩储集空间的发育不仅与火山岩本身的特征有关，更与其后期所受到的外界环境有关。火山岩本身的特征如发育的晶间孔、粒间孔及气孔等相互不连通，储集性能较差；外界因素包括构造运动、风化淋滤作用以及成岩作用等，经过这些外界因素的改造，才能形成各种次生孔隙和各类裂缝。

根据火山岩储层储集空间的成因差异，火山岩储层的储集空间主要包括原生储集空间和次生储集空间两大类。原生储集空间主要包括气孔(原生气孔、残余气孔)、晶间孔火山角砾(粒)间孔、晶间微孔及原生裂缝等，次生孔隙主要有基质溶孔、斑晶溶孔、粒间溶孔、粒内溶孔、脱玻化孔及粒模孔等，次生裂缝主要有构造裂缝、风化缝及溶蚀缝等。储层中孔、洞、缝均不同程度发育，由于孔、缝形状复杂，孔径变化较大，使得储层具有多重介质特征。通常认为各类孔隙是火山岩储层的储集空间，喉道和裂缝则是主要的渗流通道。孔、洞、缝的复杂程度导致火山岩储层储集空间类型组合多，其储层类型可划分为孔隙型、孔隙-裂缝型、裂缝-孔隙型、裂缝型四类，不同类型的火山岩储层其储渗性能差异大，储渗模式复杂。

3. 裂缝分布与发育规律复杂

火山岩油气储层历来就有"无缝不成藏"的说法。对于火山岩储层而言，裂缝的发育特征是评价储层性能的重要标准之一，裂缝的发育状况不仅控制火山岩储层中的油气运移和富集，而且也是成岩作用及风化淋滤过程中促进溶蚀孔洞发育、提高储渗性能的主要因素。火山岩储层中裂缝普遍具有成因复杂、类型多样、发育程度不均的特点。从裂缝的类型来看，包括构造缝、成岩缝、风化缝、溶蚀缝以及钻井诱导缝等五类裂缝。其中对改善储层储渗性能和促进油气运移起主导作用的裂缝主要是构造缝，此外，部分风化缝、溶蚀缝和诱导缝也能起到一定的作用。不同裂缝的尺度差异较大，识别和把握难度也差异较大。其中构造缝延伸远、规模大，在露头和钻井岩心上特征较为明显；风化缝延伸范围小，规模小，容易被充填，在岩心、露头、薄片及测井上都不易观察到；溶蚀缝在岩心和玻片上较易观察，但是在测井上不易识别，再加上钻井诱导、储层内部流体性质、基质物性等的差异，容易对裂缝的识别与研究造成影响。因此，裂缝的研究在火山岩储层研究中至今仍是一个世界级的难题。

4. 储层非均质性严重

火山岩储集层的储集空间具有多样性，不同储集空间相互组合，形成孔、洞、缝多介质储层，孔隙结构复杂，导致物性变化大，非均质性非常严重。统计准噶尔、三塘湖、松辽等盆地火山岩物性表明，火山碎屑岩、火山熔岩均可成为有效储层，孔渗相关性差，以中—较高孔隙度、低—特低渗透率储层为主，孔隙度最大可超过30%，平均为10%左右；渗透率显示出强烈的非均质性，最大超过 $1000 \times 10^{-3} \mu m^2$，但总体上较低，大多数小于

$1000 \times 10^{-3} \mu m^2$，其中很大部分小于 $0.01 \times 10^{-3} \mu m^2$。

5. 储层主控因素多

火山岩储层的主控因素较多，火山机构、构造运动、岩性与岩相、风化淋滤作用、成岩作用等都对火山岩储层的形成有影响（表 1-4）。

表 1-4　火山岩储层形成作用与类型（据邹才能等，2008）

控制作用	储集空间	储层类型	分布与产状	储层分类
火山作用	原生型孔	火山熔岩	喷溢相、层状	熔岩型
		潜火山岩	浅呈侵入相、筒状	
		火山碎屑岩	爆发相、堆状、环状	火山碎屑岩型
成岩作用	次生型孔	风化壳岩溶	内幕储层，厚度可达 300m	溶蚀型储层
		埋藏岩溶	酸性流体溶蚀、深度不限	
		蚀变	岩床、岩株、蚀变带	
构造作用	裂缝	裂缝	构造高部位，断裂带	裂缝型储层

研究表明：含油气沉积盆地中岩浆（火山）作用程度和特点与区域大地构造活动有重要联系，区域性大地构造活动有利于发育深大断裂，火山岩体的发育往往沿着深大断裂呈条带状展布；构造运动是储层储集性能的主要影响因素，构造运动产生的多期次的构造裂缝对提高火山岩储层的储渗性能有重要贡献，尤其是像火山岩这类非常规储层，裂缝的发育是形成有效储层的必要因素。秦小双等对准噶尔盆地的研究指出，目前已发现和探明的火山岩油气藏主要分布于构造裂缝发育的区域，说明构造对储层发育具有关键作用，同时指出岩性岩相、风化淋滤等也是火山岩储层性能的重要因素；陶国亮、何登发等指出火山岩体中的原生孔隙较为发育，但多数相互孤立、互不连通，难以形成火山岩有效储层；侯启军通过对松辽盆地南部火山岩储层研究指出，火山机构类型控制火山岩储层发育程度，火山机构-相带控制储层展布，而成岩作用和构造裂缝控制有效储层分布。可以看出，火山岩储层受多重因素的控制。

6. 储层分布连续性差，气水关系复杂

由于火山岩成因特殊，内部各结构单元之间叠置及空间分布关系复杂，使得其岩相变化快，有效储层分布零散，不同岩相受到后期改造的程度不同，使得有效储层横向连续性差，平面上有效储层分布范围有限；纵向上，由于火山岩形成的机理与沉积岩存在本质差异，且后期的储层改造因素较多，因此储层在纵向上的分布非均质性也较强。如火山岩与沉积岩由于成岩方式存在差异，沉积岩储层孔隙度随埋深增加而减小，埋深超过一定深度后，孔隙度低于储层下限，储层基本就无效了；而火山岩储层的发育基本与深度无关，在较深的范围值仍有大量有效孔隙发育，并且随埋深增加，孔隙度无明显的变化，即岩石物性基本不受埋深影响，在同一储层段，内部物性变化较大，层内非均质性强。

火山岩储层气水分布受到构造、内幕结构及多重介质影响，虽然总体上表现为"上气下水"的分布规律，但是不同的地区其火山活动特征、储层主控因素不尽相同。同时作为多重介质储层，火山岩基质与裂缝中的含气饱和度不同，气水分布特征存在差异，导致其气水关系复杂，油气藏整体性较差。

二、火山岩油气藏开发特点

由于火山岩油气藏储集空间和渗流方式不同于砂岩油藏，因而其开发特征与砂岩油藏迥然不同。

1. 油气井产能差别悬殊

火山岩油气藏在平面上含油气不均匀，造成不同油气藏间产能差异很大，单井日常量高的可达 2000t 以上，单井日产量低的不足 1t；而且即使是同一油气藏，在其不同部位上，甚至相同部位的生产井产能也相差悬殊。例如，阿塞拜疆穆拉德哈雷喷发岩油藏东部地区8 号油井从 1977 年 3 月到 1979 年 7 月累计生产原油 38×10^4t；而另外一些井累计产油量38×10^4t。

2. 井间干扰严重

火山岩油气藏的裂缝系统保证了储层具有较高的导流能力，使不同距离的生产井之间水动力关系密切，造成井间干扰是这类油气藏开发的典型特点，几乎每个油气藏都存在这一问题，即使井距很大也不例外。

3. 自然产能低，需进行压裂改造

火山岩储层总体上物性差，自然产能低，一般需要压裂措施后方能获得工业气流。如松辽盆地北部兴城火山岩气藏，在压裂前工业气层仅有 2 层，其他大部分井自然产能均未达到工业气流，采取压裂措施后，在压裂的 31 口井 38 层中，获得工业气流的井有 29 口33 层。表明压裂改造对于大幅度提高火山岩的产能效果明显。

4. 初期产能高，产量递减快

产量递减阶段是火山岩油藏的主要开采阶段，80%以上的油气产量均是在该阶段采出，一般投产初期就进入该阶段。火山岩油藏一般原始压力较高，具有可观的弹性能量。投产初期，油藏处于异常高压的弹性驱动开采阶段，弹性能量释放快，消耗也快，因而导致油井初产高，但产量下降快。一般情况下单井投产初期产量从数十吨到几百吨，但短则数月，长则一年，产量可递减到不足十吨。火山岩油藏大多数以裂缝为主要的渗流通道，由于裂缝渗透率远比孔隙渗透率高，其流体流动快，流量大，因而初产高。但由于裂缝孔隙度一般较低，储层空间的主体仍是各种孔隙，但孔隙渗流速度低，向裂缝补给的速度较慢，当裂缝中原来储集的油气以较高的初产采出后，进一步的生产必须依靠基质孔隙对裂缝流体的补给，其产量下降快、递减大是必然的。因此，裂缝性的火山岩油藏，在降压开采过程中，普遍出现渗透率下降，而且下降幅度大，导致产量的大幅度递减。

5. 易发生暴性水淹

如前所述，穆拉德哈雷油藏的 53、54、56 号井均属于暴性水淹，高部位井也不例外。萨母戈里—帕塔尔祖里西北高点的 21 号井自筛管底部到油水界面长达 127m，投产时无水，开采 20 个月后产量急剧下降，因而转抽，7 个月后即完全水淹。闽桥火山岩油藏闽16 断块的闽 16 井投产后很快就进入高含水期，月含水上升最高时达 45%。克拉玛依一区

石炭系油藏 35 口见水井中，年含水量上升超过 20%的有 18 口井，占总数的 20%。这类油气藏生产井见水后，提高产量只会加强裂缝中水的窜流速度，起不到砂岩油藏调整层内矛盾的作用。而且有些井压裂后，对控制含水上升无多大作用。然而，也有一些井压低产量后，产液、含水均有下降。例如，萨姆戈里—帕塔尔祖里油田 1984 年起对高产井采取限产措施后，部分井的产液、含水率大大下降，以致完全不含水。造成这种差别的原因在于火山岩是非均质性极为严重的裂缝性储集层，井底条件千差万别。要提高这类井的措施成功率，就必须明确井底附近地层地质情况，特别是裂缝方向及发育情况，以便在裂缝发育很差或无裂缝区进行压裂改造，使储层非均质性得以改善。

三、火山岩油气储层的研究现状

（一）火山岩岩性及岩相研究现状

火山岩岩性及岩相的研究多从岩性识别、岩相划分、展布规律三个方面展开。目前，国内外对这三个方面的研究较为普遍，研究技术也较为成熟。火山岩岩性识别的方法众多，其中测井方法是最常用且相对比较有效的方法，国外火山岩测井方面的研究大致分为三个阶段。第一阶段，1982 年以前，Sanyal 等（1980）利用凝灰岩、流纹岩以及玄武岩的自然伽马（GR）、密度（DEN）、中子（CNL）和声波时差（AC）测井参数制作了交会图和直方图。Benoit 等（1980）探讨了在花岗岩、流纹岩、玄武岩以及英安凝灰岩密度（DEN）、中子（CNL）、声波时差（AC）和自然伽马（GR）测井的响应特征。第二阶段，20 世纪 80～90 年代，Khatehikian（1982）通过建立测井解释模型，研究如何利用测井资料计算以火山岩的骨架参数为主的研究内容，并对阿根廷西部的某盆地的火山岩地层进行了研究。第三阶段，1992 年以后，Galle（1994）等发现声电成像、核磁测井等先进技术，使火山岩储层及岩性识别进入到一个新的阶段。近年来，国外关于火山岩岩性识别更多的是运用多种方法综合识别，Masayuki（2009）利用多种方法对 Azumay 火山的火山碎屑岩进行识别研究，并分析各类火山岩碎屑岩的分布特征。国内关于火山岩岩性识别在近年来也呈现出井喷现象，刘为付（2002）等应用模糊数学原理，建立模糊数学识别火山，识别火山岩岩性；范宣仁等用一些对火山岩岩性反应敏感的物理量进行交会识别岩性，介绍了用各种交会图定性识别火山岩岩性的方法；陈军等（2007）在分析贝叶斯判别分析方法原理的基础上应用该方法对火山碎屑岩测井解释中岩性识别问题进行研究，并且成功地应用到海拉尔盆地乌尔逊凹陷乌东地区火山碎屑岩储层研究中；周波等（2005）在火山岩油藏的测井评价过程中，依据 IUGS（国际地科联）推荐的 TAS 图方法为火山岩样品详细定名，在此基础上，采用神经网络技术与测井结合的手段初步开展火山岩岩性识别研究；张莹等（2009）利用基于主成分分析的 SOM 神经网络方法对火山岩岩性进行识别。

关于火山岩岩相划分，最早由苏联学者提出。科普切弗·德沃尔尼科夫等（1978）根据火山岩岩体产状形态及产出条件把火山岩相划分为原始火山喷发相、火山管道相以及次火山岩相。Lajoie（1979）依据形成原因把火山碎屑岩划分为火成碎屑岩相和自碎屑岩相；Fisher（1961）等依据沉积环境和搬运作用方式把火山碎屑岩分划分为火山碎屑岩相、火山碎屑流相、喷发冲积相以及火山灰流相；Cas 等（1987）根据搬运方式和物源将火山岩相划分为火山碎屑岩相、熔岩流相、火山碎屑降落沉积相、涌浪相、凝灰岩相、陆上碎屑流相、水下碎屑流和深海火山灰相等 8 种岩相；Gu 等（2002）总结，在岩性上，几乎所有类型的火山岩都可以形成有效储层，包括火山岩与次火山岩；从岩相看，Sruoga 和 Rubinstein（2004）提出，爆发相、喷溢相、侵出相和次火山岩相都可含油气，通常近火山口相组合成藏条件更好。关于火山岩岩相的识别方法多是通过测井资料、钻井资料和地震资料等入手。杨申谷等（2004）通过火山岩的测井识别及火山岩连井对比等方法对火山岩的岩相进行划分与解释；王颖等（2007）在 ECS 元素俘获测井和 FMI 成像测井的基础上进行火山岩岩相划分；而在火山岩展布特征上，陆建林等（2007）利用波阻特征、属性特征等地震资料并结合岩浆物理性质对火山岩展布特征进行分析；李喆等（2007）将物性结果结合平面岩性岩相图对火山岩相的空间展布特征进行研究；郎晓玲等（2010）从测井和地震响应特征入手，结合钻井和地质等资料，应用地震属性分析、构造趋势面分析、地震约束反演及三维可视化等地震综合预测方法对火山岩岩相进行划分；杜景霞等（2013）利用钻井岩心、分析化验等资料，运用岩石学、储层地质学等理论和方法对火山岩的类型、时空分布及其成藏特征进行了研究。

可以看出，火山岩岩性岩相研究多采用岩心、测井、地震等资料的综合应用。火山岩岩性的识别不仅侧重于测井资料的应用，而且越来越注重与数学方法结合。岩相划分则通常利用多种测井信息与地震解释技术进行综合研究，而火山岩的展布特征除运用地震与测井方法之外，还综合运用钻井岩心资料、化学分析等多种方法开展研究。

（二）火山岩储层特征研究现状

火山岩储层特征研究多从储集空间类型、孔渗关系、孔隙结构等方面展开。由于火山岩的特殊性，火山岩储集空间比沉积岩储集空间更为复杂，其中一个重要的体现就是在次生储集空间上。罗静兰等（2003）依据储集空间的成因，将火山岩储层储集空间类型分为原生和次生储集空间两种类型，认为原生储集空间的发育与熔浆的冷凝过程有关，次生储集空间则主要是溶蚀孔缝、构造缝、风化缝。火山岩储集空间的另一种划分方法则是依据形态来划分，可以分为孔隙和裂缝，赵澄林等（1999）在对松辽盆地火山岩的研究过程中，就是按照这种分类来研究火山岩储集空间特征，该分类将孔隙分为 10 个亚类，裂缝分为 6 个亚类；姚卫江（2011）、范存辉等（2012）在对准噶尔盆地西北缘中拐五八区二叠系—石炭系火山岩储层研究过程中，进一步将孔隙分为原生孔隙和次生孔隙，裂缝分为原生裂缝和次生裂缝；余淳梅等（2004）指出火山岩储集空间中，孔缝具有多种组合形式，以准噶尔盆地五彩湾凹陷基底火山岩为例，其孔缝组合形式主要有构造缝-溶蚀缝-溶孔、原生气孔-构造缝-溶蚀孔-溶蚀缝、晶间孔-原生孔-构造裂缝-溶蚀孔等。

在火山岩储集空间类型及组合方式研究的基础上，进行火山岩孔渗关系分析可以确定火山岩储层类型。李军等将火山岩储层划分为孔隙型、孔隙-裂缝型、裂缝-孔隙型、裂缝型等四种储层类型。火山岩储层储集空间微观结构分析研究的主要技术手段有毛管压力曲线法、铸体薄片法、扫描电镜法、CT 扫描法、电阻率测井法、核磁共振测井法等。

（三）火山岩储层裂缝研究

火山岩储层裂缝研究多从裂缝观测描述、裂缝识别、裂缝综合预测与评价等方面展开。

1. 裂缝观测描述

裂缝观测描述多通过野外露头、岩心观测直观描述火山岩储层裂缝类型、裂缝特征等，张新国等（2007）通过岩心观测，从裂缝充填、裂缝规模、裂缝组合形态等几个方面定性-定量地描述克拉玛依油田九区石炭系火山岩储层裂缝类型，李明等（2007）从裂缝延伸方位、发育参数特征以及力学性质等方面描述乌夏地区二叠系火山岩储层裂缝特征；范存辉等（2012）通过岩心及薄片鉴定，从裂缝产状、发育规律及成因模式等方面对中拐凸起火山岩裂缝特征、发育程度、成因等进行了初步探讨。

2. 裂缝识别

目前，火山岩裂缝的识别一般从两个方面展开研究，一是成像测井，二是常规测井。刘之的等（2008）通过分析裂缝在双侧向测井上的响应特征，利用计算得到的裂缝指示曲线对准噶尔盆地九区南火山岩裂缝进行识别；董小魏（2008）通过利用测井资料总结兴城地区火山岩中低角度裂缝、高角度裂缝、网状缝、应力释放缝、重泥浆压裂缝、机械破碎裂缝的测井响应特征；王拥军等（2007）从成像测井和常规测井上对深层火山岩气藏储层裂缝进行识别，并提出裂缝的两种综合识别方法：裂缝概率函数和裂缝发育指示函数；汤小燕等（2009）在详细对比分析了准噶尔盆地六九区火山岩的成像测井和常规测井响应特征之后，给出4种测井裂缝指标，进而建立了火山岩裂缝识别模型，并将此模型程序化，实现裂缝的计算机自动识别；王建国等（2008）论述了裂缝在常规测井和电成像测井上的响应特征，利用曲线元的原理和算法建立裂缝的定量判别标准。

3. 裂缝综合预测与评价

裂缝预测主要包括定性预测和定量预测两个方面。定性预测多采用地质分析的手段进行，例如分析断层与裂缝的关系、岩性与裂缝的关系，利用分形理论来进行预测等；李春林等（2004）分析了辽河拗陷东部凹陷火山岩构造裂缝形成机制，指出与各类褶皱、断层有关的裂缝，反映了构造部位对火山岩构造裂缝的影响程度；阮宝涛等（2011）从岩性、岩层厚度、褶皱和断层、覆压、充填物等几个方面分析火山岩裂缝的影响因素；范存辉等（2013）分析了低渗透储层裂缝特征及主控因素，结合生产测试资料，对低渗透储层裂缝发育规律进行了定性预测与评价。由于定性预测的精度相对较差，多需要结合其他方法进行综合分析，而定量预测的手段方法则较多，戴俊生等（2003）通过论述有限变形法的基本原理，利用有限变形法对位于闵桥油田闵20块火山岩裂缝进行预测；左悦（2003）通过地震、钻井、测井资料综合分析，采用龟裂系数法来评价火山岩中的裂隙发育程度，认为龟裂系数变化梯度带反映了裂隙发育程度；王军等（2010）利用构造数值模拟的手段构建 δ(应力)-ϵ(应变)和裂缝发育参数间的函数关系，对乌—夏断裂带二叠系(P)地层裂缝发育及分布规律开展了综合评价；李瑞磊等（2012）利用叠前地震资料处理，分析裂缝的地震响应特征，进行裂缝的叠前地震识别，并预测火山岩裂缝的走向和分布；范存辉等（2014）综合定性、定量及地震预测手段，对新疆四$_2$区石炭系火山岩裂缝进行了综合评价。

（四）火山岩储层评价与预测

火山岩储层评价与预测多从物性、岩性岩相、裂缝、圈闭、产能等方面展开，储层评价参数多沿用通行的行业标准或成熟火山岩探区指标。火山岩往往具有高波速、大密度、高电阻率等特点,可通过合成记录反射特征、地震相解释、地震岩性地层模拟、储层反演、瞬时信息特征、三维可视化、属性聚类分析、层位综合标定、协调振幅、瞬时振幅等地震手段来进行识别。兰朝利等(2008)以岩性岩相、储集空间及储层分布等特征为基础,采用有效渗透率、基质有效孔隙度、基质空气渗透率、岩石密度和平均孔喉半径等的变化特点,结合动态测试结果,建立了兴城气田低渗透火山岩气藏储层评价的标准并进行了储层评价;李冬梅等(2010)通过对测井、钻井、油藏动态资料的综合研究,采用动态落实的储层、非储层与测井直接关联,探索了常规测井评价火山岩储层的新方法;Aysen Ozkan等利用测井数据对美国科罗拉多州西部的皮申斯盆地晚白垩世的 Williams Fork 组储层裂缝进行了识别分析;关旭等(2013)依据常规测井参数对火山岩储层进行识别,同时结合波阻抗反演手段开展了火山岩有利储层分布的预测;高艳等(2012)依据三维地震数据,采用约束稀疏脉冲反演技术进行波阻抗反演,对腰英台地区营城组火山岩目标储层的分布规律进行预测;黄洪冠等(2012)通过分析谐振法油气检测原理,将其运用到具体的区块中,成功预测了火山岩储层的分布;刘登明等(2011)通过分析火山岩储层物性、有利相带及地震响应特征、火山岩有利储层地震反射特征对三塘湖盆地火山岩储层进行了预测;张尔华等(2011)在对徐家围子断陷徐东斜坡带火山岩进行研究时,建立了基于专家优化地震属性组合的确定支持向量机模型,在预测火山岩储层厚度上取得较好的效果。近几年来,火山岩储层预测越来越多地依赖于测井参数与地震资料的有效结合,以测井结果为刻度,综合应用多学科、多技术手段进行多井测井约束反演进行综合预测,陈旋等(2010)在对马朗凹陷火山岩储层研究中,重点加强了测井交汇分析和正演的研究,着重强调和完善了火山岩体雕刻技术以及有效储层的刻画技术;朱超等(2010)通过对声波曲线的重构,利用基于声波曲线重构的神经网络反演对二连盆地洪浩尔舒特凹陷侏罗系火山岩储层进行预测;姜传金等(2009)在对松辽盆地北部徐家围子断陷营一段火山岩气藏研究中指出,应用地震密度反演预测火山岩有效储层对于提高储层预测精度有重要意义;刘俊田等(2009)从地质模型出发,应用模型优选迭代扰动算法通过空间地质建模、波阻抗反演、参数反演和平面综合分析研究,预测了牛东区块石炭系卡拉岗组火山岩有效储层的分布;张明学等(2009)在研究松辽盆地丰乐地区营城组火山岩储层发育与地震属性关系的基础上,利用地震手段进行储层反演及预测;黄薇等(2006)从地震特征响应、测井特征响应、基于储层特征曲线重构的储层反演等几个方面对火山岩储层平面分布进行了预测。

(五)火山岩储层成岩作用

火山岩成岩作用是储层原生孔隙保存情况与次生孔隙发育程度的重要影响因素。高有峰等(2007)利用剖面观察、钻井岩心描述、薄片鉴定和扫描电镜分析等方法,将火山岩的成岩作用划分为早成岩作用和晚成岩作用两大类,并系统讨论了不同成岩作用类型与火山岩储集物性的关系;刘成林等(2008)在大量岩心描述的基础上,结合室内岩石薄片鉴定、铸体薄片孔隙特征分析及显微照相,对松辽盆地深层火山岩储层成岩序列与孔隙演化进行了研究,将储层成岩作用和孔隙演化可分为两个时期、四个阶段;陈薇等(2013)通过岩心观测、微观铸体薄片精细鉴定,依据火山岩成岩变化特征以及火山岩储层储集空间演化历史阶段,将石炭系火山岩成岩作用划分为九种类型、四个成岩阶段。一系列系统的研究表明：在火山岩成岩作用过程中，流体的成分、流体流动状态、岩体埋藏深度、温度以及地层压力是影响火山岩成岩作用的主要因素。

（六）火山岩储层主控因素研究

火山岩储层的主控因素分析多从火山机构、构造运动、岩性与岩相、风化淋滤作用、成岩作用等方面展开。研究表明：含油气沉积盆地中岩浆(火山)作用程度和特点与区域大地构造活动有重要联系，区域性大地构造活动有利于发育深大断裂，火山岩体的发育往往沿着深大断裂呈条带状展布；构造运动是储层储集性能的主要影响因素，构造运动产生的多期次的构造裂缝对提高火山岩储层的储渗性能有重要贡献，尤其是像火山岩这类非常规储层，裂缝的发育是形成有效储层的必要因素。秦小双等（2012）对准噶尔盆地的研究指出，目前已发现和探明的火山岩油气藏主要分布于构造裂缝发育的区域，说明构造对储层发育具有关键作用，同时指出岩性岩相、风化淋滤等也是火山岩储层性能的重要因素；陶国亮等（2006）、何登发等（2004）指出火山岩体中的原生孔隙较为发育，但多数相互孤立、互不连通，难以形成火山岩有效储层；侯启军（2011）通过对松辽盆地南部火山岩储层研究指出，火山机构类型控制火山岩储层发育程度，火山机构-相带控制储层展布，而成岩作用和构造裂缝控制有效储层分布。可以看出，火山岩储层受多重因素的控制。

（七）火山岩油气藏成藏研究

对于火山岩油气成藏的研究，通常沿用常规沉积岩储层成藏研究手段，仍然从烃源岩条件、储层条件、盖层及保存条件、运移条件等方面展开。

1. 油源条件

火山岩本身不能作为烃源岩，因此形成油气藏的必要条件是在其附近必须要有良好的烃源岩，油气源的丰富程度是衡量火山岩能否成藏的关键。邹才能等（2008）研究指出，火山岩与烃源岩的组合一共有四种模式：第一种模式是火山岩体刺穿烃源岩，位于烃源岩中；第二种模式是火山岩体位于烃源岩(沉积岩)中，这种较为普遍和常见；第三种是火山岩覆于生油岩之上；第四种是火山岩覆于生油岩之下。

2. 储层条件

岩性和岩相是判断火山岩储层优劣的直接要素。一般火山熔岩、爆发相的火山角砾岩和砾屑、砂屑结构的火山岩物性相对较好，再加上形成期及形成后的风化淋滤作用、构造运动改造，储集空间类型更加丰富。由于原生孔隙空间连通性不好，若无后期形成构造运动、风化淋滤及成岩作用的改造，往往作为"死孔隙"存在，对油气储集不利。因此，次生孔隙及裂缝对储层的发育尤为关键，特别是在强风化淋滤区以及构造应力集中区，次生溶蚀孔洞及裂缝发育，常可发育优质储层，成为高产油气富集区。当含油气盆地中缺乏良好储集岩时，火山岩的存在更为重要。

3. 运移条件及封闭条件

油气运移在油气藏形成过程中起着至关重要的作用。由于火山岩种类复杂多样、岩性致密、相带变化快，油气运移主要依靠不整合面、断层和裂缝等垂向运移或侧向运移通道来进行。火山岩体在构造运动作用下产生的断裂不仅可以改善储层，还可以使得火山岩储层直接与生油岩接触,对油气运移和成藏都有利;潜山上的火山岩由于长期遭受风化剥蚀,次生孔、洞、缝较发育,风化剥蚀面不仅可以作为油气横向运移的良好通道,而且是形成油气遮挡的有利条件。

4. 火山岩圈闭及盖层条件

火山岩圈闭发育的影响因素主要包括岩性特征、岩相分布、断裂系统以及风化淋滤作用等,在这些因素的影响下,可形成三种主要的火山岩圈闭:火山岩岩性-地层型圈闭、火山岩性圈闭和火山岩性-构造型圈闭。由于不同背景下成藏主控因素有所差别,火山岩圈闭还可划分成多种方式。由于火山岩喷发多具有旋回性,在此特点下形成的火山岩往往与沉积岩交互叠置在一起,依靠火山岩自身的致密性或与上部泥岩沉积盖层的匹配可构成有效的储盖配置,若泥岩同时又是烃源岩,还可为火山岩提供油气,对油气聚集十分有利。

第二章 中拐凸起火山岩油气区构造特征及地质概况

准噶尔盆地火山岩油气区构造特征及形成、演化历史与准噶尔盆地的发展、演化密切相关。受板块构造运动动力的控制，准噶尔盆地的构造演化基本上可以分为晚石炭世（C_2）—二叠纪（P）、三叠纪（T）—侏罗纪（J）、白垩纪（K）—古近纪（E）拗陷盆地、新近纪（N）—第四纪（Q）四个阶段。受多期构造演化、多期岩浆活动和多源内动力作用的影响，最终形成现今盆地内部隆凹相间、南北分带、东西分块的复杂构造格局。受区域构造运动的影响，准噶尔西北缘中拐凸起同样在华力西运动中晚期开始隆起形成雏形，经印支、燕山运动继承发育，喜马拉雅期最终斜掀定型。

第一节 区域构造特征

一、区域构造背景

准噶尔盆地位于我国新疆维吾尔自治区西北部，是新疆境内三大盆地之一。从大地构造上来看，准噶尔盆地位于三个古板块的交汇部位，分别是南部的塔里木古板块、西北部的哈萨克斯坦古板块以及北部的西伯利亚古板块（图2-1），实际上属于哈萨克斯坦古板块的一部分，

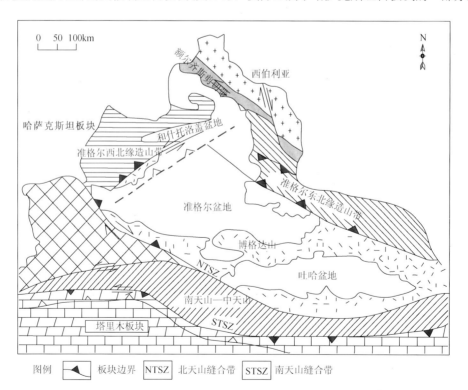

图 2-1 准噶尔盆地大地构造位置（李玮等，2010）

准噶尔盆地西北边界为西准噶尔界山，由哈拉阿拉特山和扎依尔山组成；东北边界为东准噶尔界山(阿尔泰山)，由青格里底山和克拉美丽山组成；南部边界为南缘的北天山。其总体面貌表现为纵向上南厚北浅楔形地质结构，平面上表现为南宽北窄的三角形，盆地总面积约为 $13 \times 10^4 km^2$。盆地由外向内地形总体特征是南面的天山、东北的阿尔泰山为雪岭高地，西北的玛依里—扎伊尔山系为中—低山地貌，盆地边缘海拔为 $600 \sim 1000m$ 的丘陵与平原过渡带，盆地内部东南略高、西北略低，海拔普遍为 $500m$ 左右，以玛纳斯湖—艾比湖为地表河流汇流中心，盆地腹部为库尔班通古特沙漠覆盖区，面积为 $4.8 \times 10^4 km^2$，占盆地总面积的 1/3 左右。

准噶尔盆地的基底由前寒武纪结晶岩系和早、中古生代褶皱系组成，盆地基底以发育 EW 向成组断裂和 SN 向成组断裂为主，二者交切成方格状断块。不同级别断块的升降、错动、倾斜及其时空变化是控制盆地盖层不同时期沉积格局的主要因素。盆地内发育的 NW 向、NE 向斜向断裂稍晚于 EW 向和 SN 向成组断裂，仅对二级或三级构造单元的边界有控制作用。

根据含油气构造理论，并考虑到油气勘探的需要，前人一般将准噶尔盆地划分为乌伦古拗陷、陆梁隆起、西部隆起、中央拗陷、东部隆起以及北天山山前拗陷 6 个一级构造单元(图 2-2)和 30 个二级构造单元。这些隆起或拗(凹)陷的走向大多与相邻造山带走向平行，仅在东部地区与相邻造山带的走向垂直相交。盆地周缘凹陷近造山带一侧陡，向地体一侧变缓，石炭系—二叠系向山前增厚，向盆地内快速减薄，并伴有凹陷和前缘隆起向腹部迁移现象。

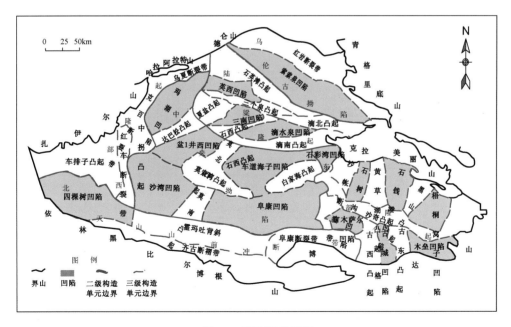

图 2-2　研究区位置图

准噶尔盆地周边为活动性造山带所环绕，而盆地内部构造活动相对较弱，长时间接受沉积,沉积盖层是以晚古生代至中、新生代陆相为主的沉积岩系,最大沉积厚度逾 10000m,形成中国西部重要的封闭性盆地。准噶尔盆地油气资源丰富,油气总资源量达 $107 \times 10^8 t$。经过近几十年的勘探,油气勘探获得了一系列重大突破,展示出"满盆"含油、全层系多层组含油、油气聚集丰富的特点,尤其在火山岩油气勘探实践中,发现了克拉美丽、石西、五彩湾、红车等油气藏,预示着准噶尔盆地火山岩中具有巨大的资源潜力。

二、区域构造演化史

根据区域地质资料及前人研究认识,准噶尔盆地的形成和构造演化可分为四个阶段。

1. 晚石炭世(C_2)—二叠纪(P)前陆盆地阶段

晚石炭世到二叠纪,准噶尔地块周围海槽先后关闭,准噶尔盆地西部的哈萨克斯坦板块、北部的西伯利亚板块和南部的塔里木板块分别向东、向南西和向北东方向运动,早期沉积物褶皱隆升,形成造山楔并依次向盆地内逆冲。准噶尔板块处于挤压的大地构造环境中,盆地以发育压性褶皱、冲断层及其组合为主要构造样式。在大陆与大陆的强烈碰撞下,准噶尔北部地幔物质上涌,形成众多的火山弧,同时伴随岩浆的上拱也产生一些规模较大的逆断层,如陆南断裂等,使准噶尔北部总体成为一个隆起区,在盆地西部形成一个晚石炭世的海相盆地(赖世新等,1999),构成准噶尔盆地的雏形。由于碰撞作用的后续影响,准噶尔盆地在中三叠世时形成前陆盆地。

2. 三叠纪(T)—侏罗纪(J)断陷盆地阶段

二叠纪末,盆地中原来隆拗错落的格局已基本填平,三叠纪盆地以调整作用为主,即进入陆内拗陷演化阶段。但盆地西北缘与盆地北缘仍然有较强的挤压逆冲活动。三叠纪末的印支运动使盆地再次发生强烈的构造抬升,导致湖水退出,地层遭受剥蚀。盆地周边的主控断裂除了同生性活动外,兼有明显的左、右走滑运动,盆地北缘一些主控断裂还表现出强烈推覆活动。逆冲带构造载荷使准噶尔盆地北缘岩石圈发生压陷作用,形成挠曲盆地,乌伦古周缘前陆盆地开始形成,并沉积较厚的三叠系地层,陆梁隆起对应前缘隆起,中央拗陷位置对应隆外凹陷。东部则将二叠纪形成的走向近东西向的周缘前陆盆地系统改造成凸起和凹陷走向与造山带近正交的分割前陆盆地系统(刘和甫,1995)。

早、中侏罗世时期,虽然大地构造环境仍为挤压环境,但盆地却具有沉积稳定、厚度不大、缓慢沉降的特点,是盆地沉积作用最为广泛的时期。中侏罗世晚期至晚侏罗世,盆地在压扭应力的作用下进一步抬升,盆地格局发生明显的改变。在西北地区由于右旋压扭应力进一步增强,扎伊尔山和车排子隆起不断隆升,许多盆地和拗陷的面积明显缩小,甚至消失,沉积范围较为局限,逐渐形成横贯盆地腹部的车莫隆起,造成中上侏罗统之间的不整合接触。南部发育昌吉拗陷、四棵树拗陷,北部发育乌伦古拗陷,西部发育玛湖拗陷,形成了一隆四拗的古构造格局。发生在晚侏罗世的燕山运动是盆地形成后最广泛、最强烈的一次运动,它对盆地产生强烈挤压,使得盆地变形收缩,形成 NNE 向褶皱和断裂。与此同时,构造挤压使得部分边界断裂发生走滑,盆地基底也因此由北西向南东掀斜,在准噶尔西北缘地区表现为抬升剥蚀,断裂活动较弱;东、西隆起区发生相对逆冲,形成近 SN 向的断褶带,广大中部地区变形微弱,局部发育张性断层。区域性隆升形成了侏罗系与白垩系的区域性角度不整合，特别是盆地中部和南部地区大范围抬升，遭受风化剥蚀，普遍缺失上侏罗统上部地层。

3. 白垩纪(K)—古近纪(E)拗陷盆地阶段

白垩纪到古近纪，盆地进一步扩大，进入统一的拗陷盆地发育阶段，具有统一的沉降中心。早白垩世形成的盆地规模较晚侏罗世翻倍地扩大，全区发生剧烈沉降，接受巨厚沉积，沉积中心和沉降中心均向南迁移至南部拗陷。晚白垩世受晚燕山运动的影响，在盆地内下白垩统与上白垩统之间形成比较明显的区域不整合面，准噶尔原型盆地进入了收缩型陆内拗陷盆地发育阶段。直到古近纪渐新世，盆地基本保持了缓慢整体下沉，渐新统虽然在盆地南北缘的岩性与厚度上略有差异，但基本保持统一性。

4. 新近纪(N)—第四纪(Q)前陆盆地阶段

新近纪至第四纪是强烈挤压、走滑变形的主要时期，奠定了盆地最终的构造格局。由于来自印度次大陆与欧亚大陆碰撞作用的影响，从中新世开始，天山再次隆升，使北天山山前急剧下沉并接受大量沉积。从上新世末到更新世初北天山急剧上升呈高大的造山带，在压扭作用、重力滑动和扩展作用下使山前形成三四排雁列状排列的中新生界背斜带。在盆地北部边缘地带，由于构造运动和扩展作用相对较弱，仅有部分断裂复活，结果形成一些受断裂和基岩控制的平缓的新近系构造，如小型长恒、背斜与挠曲等。

第二节　中拐凸起构造特征及地质概况

一、构造形态特征及构造单元划分

中拐凸起位于准噶尔盆地西北缘油气勘探区，面积约为 $2200km^2$。在一级构造单元上地处准噶尔盆地西部隆起，克—乌断裂带和红车断裂带构成了其北部及西部边界，南部及东部边界分别为沙湾凹陷、盆1井西凹陷、达巴松凸起及玛湖凹陷(图2-2)。其中克—乌断裂带为走向北东(NE)、向北西(NW)倾斜的逆冲断裂，红车断裂带为走向近南北(SN)、向西(W)倾斜的逆冲断裂，中拐凸起主要位于逆冲断裂带的下盘。

中拐凸起构造形态表现为由北西(NW)向南东(SE)倾斜的单斜构造，其南翼较陡、北翼相对较缓，石炭系火山岩之上披覆的沉积盖层顶部较薄或者局部遭受剥蚀，翼部地层较厚、发育相对完整，其总体形态主要是由石炭纪(C)—早二叠世(P_1)期间由于区域构造挤压应力作用而形成的宽缓鼻状古隆起。

按照构造及地层特点，研究区可分为五八区、东斜坡、南斜坡及中拐凸起中部4个次级构造单元(图2-3)，中拐凸起中部与中拐凸起南斜坡以H3井东侧断裂为界，中拐凸起中部与中拐五八区则以五区南断裂为界，中拐凸起中部与中拐东斜坡以下佳木河组(P_1j_1)尖灭线为界。中拐凸起中部及五八区由于长期位于构造高部位，中二叠统(P_2)、下二叠统(P_1)、上侏罗统(J_3)和上白垩统(K_3)地层不同程度遭受剥蚀，纵向上发育多个不整合；中拐东斜坡较中部凸起中部地层完整，仅在下二叠统佳木河组(P_1j)上倾方向局部遭受剥蚀。中拐凸起南斜坡位于H3井东侧断裂下盘，位于构造低部位，该单元地层在中拐五八区比较完整，特别是二叠系佳木河组(P_1j)发育很完整，该区块由于石炭系埋藏深，目前尚无钻井钻至石炭系火山岩(C)。

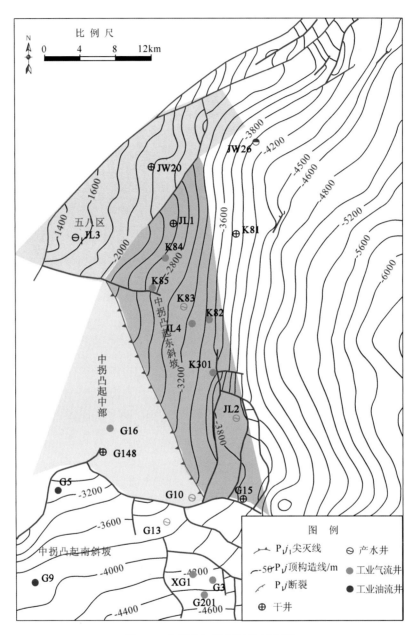

图 2-3　中拐凸起勘探区带划分图

　　中拐凸起构造主体是在石炭纪(C)—早二叠世(P₁)形成，之后经历了多期次构造叠加和改造作用影响，使得早期构造形迹不断被晚期构造追踪、利用和改造，而后期构造变形又受到晚期构造形迹的影响和限制，从而形成不同构造体系之间的复合叠加而形成的。

　　主要断裂的特征如下(表 2-1、图 2-4)。

表 2-1　中拐凸起石炭系断层要素表

断裂名称	断开层位	性质	走向	倾向	断距/m	延伸长度/km
红车断裂	C-J	逆断层	北北东	北西西	>600	>60
五区南断裂	C-J	逆断层	近东西	北	200~300	6.5
H3 井东侧断裂	C-J	逆断层	近东西—北西向	北、北东	400~700	22
JL5 井西断裂	C-P	逆断层	南北向	西	>10	7.5
JL5 井南断裂	C-T	逆断裂	近东西	北	5~10	3.6
G148 井南断裂	C-T	逆断层	近东西	北	10~20	7.4
JL5 井东断裂	C-P	逆断裂	南北	西	>10	3.8
G26 井南断裂	C-P	逆断裂	近东西	南	10~20	9.4
G6 井南断裂	C-P	逆断裂	近东西	南	10~20	5
JL6 井南 1 号断裂	C-P	逆断裂	北北西向	北东东	30~90	3.3
JL10 井南 2 号断裂	C-P	逆断裂	北西向	北东	5~10	3
598 井断裂	C-P	走滑逆断裂	北西向	南西	>10	34
G26 井北 2 号断裂	C-P	逆断裂	近南北	北西	10~20	3.6
G26 井北 1 号断裂	C-P	逆断裂	近东西	北	>10	10

(1)红车断裂：为华力西运动晚期形成的逆断裂，倾向为北西西向，走向为北北东向，断开层位从石炭系(C)断至侏罗系(J)，断距大于 600m，延伸长度大于 60km。

(2)五区南断裂：为华力西运动晚期形成的逆断裂，倾向向北，走向为近东西向，断开层位从石炭系(C)断至侏罗系(J)，断距为 200~300m，延伸长度约 6.5km。

(3)H3 井东侧断裂：为华力西运动晚期形成的逆断裂，断裂面在平面上呈弧形弯曲，延伸过程中倾向由向北倾逐渐过渡为向北东倾，走向也由近东西向过渡为北西向，断开层位从石炭系(C)断至侏罗系(J)，断距为 400~700m，延伸长度约 22km。

(4)JL5 井西断裂：JL5 井西断裂为海西晚期形成的逆断裂，倾向向西，走向为近南北向，断开层位从石炭系(C)断至二叠系(P)，断距大于 10m，延伸长度约为 7.5km。

(5)JL5 井南断裂：为印支早期形成的逆断裂，倾向向北，走向为近东西向，断开层位从石炭系(C)断至三叠系(T)，断距为 5~10m，延伸长度约为 3.6km。

(6)G148 井南断裂：为印支早期形成的逆断裂，倾向向北，走向为近东西向，断开层住从石炭系(C)断至三叠系(T)，断距为 10~20m，延伸长度约为 7.4km。

(7)JL5 井东断裂：为华力西晚期形成的逆断裂，倾向向西，走向为近南北向，断开层位从石炭系(C)断至二叠系(P)，断距大于 10m，延伸长度约为 3.8km。

(8)G26 井南断裂：为华力西晚期形成的逆断裂，倾向向南，走向为近东西向，断开层位从石炭系(C)断至二叠系(P)，断距为 10~20m，延伸长度约为 9.4km。

(9)G6 井南断裂：为华力西晚期形成的逆断裂，倾向向南，走向为近东西向，断开层位从石炭系(C)断至二叠系(P)，断距为 10~20m，延伸长度约为 5km。

(10)JL6 井南 1 号断裂：断裂倾向为北东东向，走向为北北西向，断开层位从石炭系(C)断至二叠系(P)，断距为 30~90m，延伸长度约为 3.3km。

（11）JL10 井南 2 号断裂：断裂倾向为北东向，走向为北西向，断开层位从石炭系（C）断至二叠系（P），断距为 5～10m，延伸长度约为 3km。

（12）598 井断裂：该断裂主要为华力西晚期构造运动作用下所形成的走滑-逆断层，为研究区主控断裂，控制了石炭系地层的发育展布，其倾向为南西向，走向为北西向，断开层位从石炭系（C）断至二叠系（P），断距大于 10m，延伸长度约为 34km，是区内油气运移的主要通道。

（13）G26 井北 1 号断裂：该断裂为华力西构造运动晚期形成的逆断裂，倾向向北，走向为近东西向，断开层位从石炭系（C）断至二叠系（P），断距大于 10m，延伸长度约为 10km。

（14）G26 井北 2 号断裂：倾向为北西向，走向为近东西向，断开层位从石炭系（C）断至二叠系（P），断距为 10～20m，延伸长度约为 3.6km。

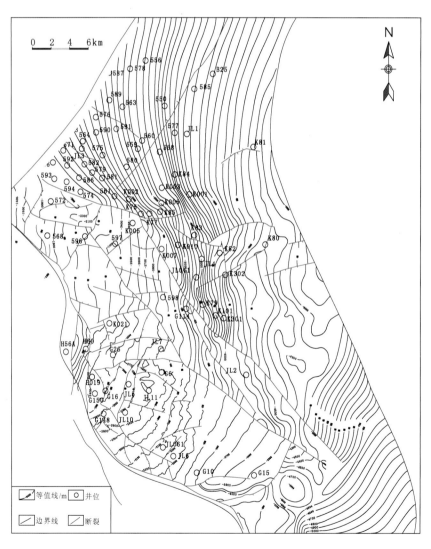

图 2-4　中拐凸起石炭系顶界构造及断裂分布图

　　总体上讲,中拐凸起石炭系断裂主要形成于华力西构造运动期,其次有部分断裂形成于印支构造运动期,断裂类型主要为逆断层,少数逆断层兼有平移或走滑断层性质,平面上这些断裂多具有平行式、斜交式等组合形式(图 2-4、图 2-5)。该区断裂根据形成时间和规模可以分为两种类型:一类为区域主控断裂,这类断裂形成时间早,断裂断距及延伸长度大,主要对构造边界和地层沉积起主控作用,如研究区发育的红车断裂、五区南断裂与H3井东断裂等,这些都是华力西期形成的控制构造格局的北东和近东西走向的逆断裂,对油气运移与富集成藏有重要意义;另一类为局部次级逆断裂,这类断裂是在总体构造挤压环境背景下发育起来的,断裂多分布在构造高点或主断裂的旁侧,此类断裂活动时间短,断距和延伸规模都不大,对地层沉积和构造边界不起控制作用,如 G148 井南断裂、G6 井南断裂、JL6 井南 1 号断裂、JL10 井南 2 号断裂等,这些局部次级断裂在活动期和静止期的作用不同,这些次级断裂在活动期间主要起沟通油气、促使油气沿着断裂面作垂向的运移和在火山岩储层内侧向水平运移的作用,而在断裂停止活动处于静止期时,主要对油气的封闭和避免油气散逸起主要作用,这是形成断块型油气藏的重要条件。

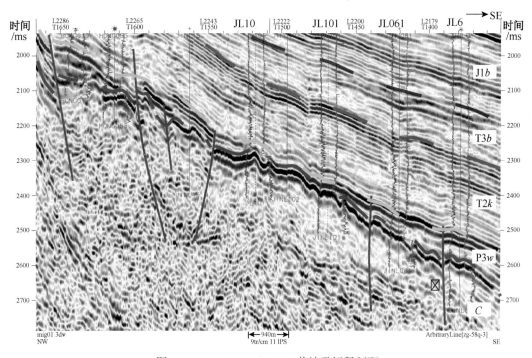

图 2-5　G5—JL10—JL2008 井地震解释剖面

二、地层发育情况

　　根据钻井及野外地质露头调查揭示,准噶尔盆地西北缘中拐凸起发育的地层自上而下主要有新近系(N)、古近系(E)、白垩系(K)、侏罗系(J)、三叠系(T)、二叠系(P)和石炭系(C)(表 2-2)。由于断裂活动影响,其中侏罗系—三叠系、三叠系—二叠系、二叠系—石炭系存在不整合接触。准噶尔盆地西北缘石炭系—古近系—新近系发育齐全。

表 2-2　中拐凸起地层简表

界	系	统	组
新生界	第四系(Q)	更新统	西域组 Q_1x
	新近系(N)	上新统	独山子组 N_2d
		中新统	塔西河组 N_2t
			沙湾组 N_1s
	古近系(E)	渐新统	安集海河组 $E_{2-3}a$
		始新统	
		古新统	紫泥泉子组 $E_{1-2}z$
中生界	白垩系(K)	上统	艾里克湖组 K_2a
		下统	土谷鲁群 K_1tg
	侏罗系(J)	上统	齐古组 J_3q
		中统	头屯河组 J_2t
			西山窑组 J_2x
		下统	三工河组 J_1s
			八道湾组 J_1b
	三叠系(T)	上统	白碱滩组 T_3b
		中统	上克拉玛依组 T_2k_2
			下克拉玛依组 T_2k_1
		下统	百口泉组 T_1b
古生界	二叠系(P)	上统	上乌尔河组 P_3w
		中统	下乌尔河组 P_2w
			夏子街组 P_2x
		下统	风城组 P_1f
			佳木河组 P_1j
	石炭系(C)	上统	太勒古拉组 C_2t
		下统	包谷图组 C_1b
			希贝库拉斯组 C_1x

1. 石炭系(C)

石炭系钻井显示以火成岩为主，岩性主要为基性、中性及部分酸性喷发岩、变质岩及沉积岩。基性喷发岩为玄武岩，具斑状或少斑无斑结构，斑晶主要由斜长石组成，杏仁状气孔发育，其间充填绿帘石、沸石、绿泥石等。中性喷发岩为深灰色安山岩，具斑状及少斑或无斑结构。火山碎屑岩为火山角砾岩、凝灰岩、角砾熔岩，成分与熔岩相同。沉积岩为正常沉积的碎屑岩，如砾岩、砂砾岩、砂岩等。

2. 二叠系(P)

由于生长性逆断裂的活动，造成红车断裂带与克乌断阶带上下盘间巨大的高差，致使断裂带上盘持续剥蚀，下盘持续沉积。早二叠世，该区火山活动强烈，形成的佳木河组为一套火山岩，风城组、夏子街组和下乌尔禾组剥蚀或沉积缺失，至上乌尔禾组沉积时，沉积中心向盆地边缘迁移，形成广泛分布的湖相泥岩。乌尔禾组泥岩盖层直接覆盖于佳木河组火山质粗碎屑岩沉积之上，形成本区第一套储盖组合。

二叠系由老到新分别为佳木河组(P_1j)、风城组(P_1f)、夏子街组(P_2x)和乌尔禾组($P_{2-3}w$)，其基本特征如下所述。

佳木河组(P_1j)总体较厚，为1000～2200m，由盆地内部向盆地方向减薄。在中拐凸起上厚度较小，只有几百米，并向中拐凸起西北方向的高部位逐渐尖灭。佳木河组共分为下、中、上三段。下佳木河组(P_1j_1)厚度可达1500m以上，由西向东呈明显减薄趋势；在中拐凸起局部被剥蚀，主要由火山岩组成，岩性主要为安山岩、凝灰岩、沉凝灰岩、凝灰质火山角砾岩互层；与下伏石炭系呈角度不整合。中佳木河组(P_1j_2)，最大厚度可大于800m以上，在中拐凸起局部被剥蚀，在五八区和东斜坡分布较为广泛，厚度一般为200～800m；该组岩性整体较粗，上部主要为灰褐色砂砾岩夹灰黑色泥岩，下部为凝灰质角砾岩、砾岩、砂岩与安山岩互层，在本区与下亚组整合接触。上佳木河组(P_1j_3)地层厚度可达700m以上，主要分布于中拐东斜坡和五八区东北部，在中拐凸起及南斜坡和东斜坡部分地区被大量剥蚀；岩性主要为灰色、深灰色砂砾岩夹安山岩及流纹岩，与下伏中亚组呈整合或平行不整合接触。

风城组(P_1f)为一套湖相的暗色泥岩沉积，其顶部可见一套厚10～20m的深灰色玄武岩，中、下部为褐灰色凝灰岩、凝灰质粉砂岩、灰质、白云质砂岩及泥质不等粒砂岩。

夏子街组(P_2x)分布范围较小，自东向西地层厚度有逐渐减薄趋势。其分布特征与风城组极为相似，范围小于风城组。夏子街组岩性为棕褐色砂质泥岩及含砾泥质砂岩的杂色砂砾岩，表现为河流冲积相沉积。

乌尔禾组($P_{2-3}w$)分为下乌尔禾组(P_2w)和上乌尔禾组(P_3w)。下乌尔禾组分布特征与风城组、夏子街组分布特征很相似，但分布范围小于夏子街组。上乌尔禾组总体由南向北厚度有减薄趋势。南部最大厚度约为800m左右，向北在克拉玛依断裂下盘削截尖灭于三叠系底界。由于受断裂影响，局部厚度变化较大，在小拐断块内，厚度为50～250m，小拐断块以北，厚度略有增加，再往北又减薄至尖灭。

3. 三叠系(T)

三叠纪时期，红车断裂带上下盘仍存在较大的高差，对中拐地区的沉积有一定的控制作用。但与二叠系相比，主控断裂后退，沉积物源后退。三叠系总体表现为湖盆的水进体系。在水进过程中形成湖盆边缘(西北缘)冲积扇和扇三角洲沉积。百口泉组主要为陆相洪积扇砂砾岩、砾岩沉积；克拉玛依组(克上、克下)为扇三角洲砂砾岩沉积为主；至白碱滩期，湖盆广泛水进形成广泛分布的湖相泥岩。白碱滩组大套泥岩盖层与克拉玛依组粗碎屑(冲积扇和扇三角洲)沉积形成了本区第二套储盖组合。

三叠系地层自下而上发育有百口泉组、克拉玛依下亚组、克拉玛依上亚组和白碱滩组，各组地层岩性特征及分布范围差异明显。

百口泉组(T_1b)：岩性以红褐色、灰色砂砾岩为主要特征，电位曲线低幅齿化，电阻率异常高值，地震反射特征呈现强振幅高连续的特征，对下伏地层有明显的削蚀。沉积体系以氧化性强的冲积-河流为主。

克拉玛依下亚组(T_2k_1)：岩性主要为灰色砂砾岩与黄褐色泥岩互层。自然伽马高幅齿化。在红山嘴地区以辫状河流沉积体系为特征，车排子地区发育冲积扇-河流体系。

克拉玛依下亚组(T_2k_2)：该组分布范围与克拉玛依下亚组基本相同。同时继承了克拉玛依下亚组的沉积特征，岩性以灰色砂砾岩、砂岩为主，夹黄褐色、浅灰色泥岩，砂岩含量相对增高，自然伽马低幅齿化。沉积厚度相对减薄，以辫状河流沉积为主体。

白碱滩组(T_3b)：白碱滩组下部以一大套灰色湖侵泥岩为主，在全区分布非常稳定。地震同相轴好、连续、稳定。上部地层较下部地层分布面积减小，厚度均大大减小，岩性偏粗，砂地比50%左右，属辫状河三角洲沉积。

4. 侏罗系(J)

红车断裂带主控断裂进一步后退，但活动性减弱，断裂上下盘高差不大，沉积物源进一步后退，接受沉积的范围不断增大。湖盆振荡型水进、水退，并主要接受三角洲沉积。中上侏罗统遭受剥蚀，主要保留下侏罗统。下侏罗统为本区第三套储盖组合。

中拐凸起侏罗系自下而上分为八道湾组(J_1b)、三工河组(J_1s)、西山窑组(J_2x)、头屯河组和齐古组(J_3q)，各组地层岩性特征如下所述。

八道湾组(J_1b)：该组地层根据其岩性变化规律从下往上可分为三段。下部以一套粗粒碎屑岩为主，砂地比平均为80%左右，在全区分布较为稳定，地震呈高振幅、高连续的反射特征，以冲积-河流体系为特征。中部发育一套灰色泥岩夹少量砂岩组合，明显表现出湖侵特征，在全区分布较为稳定，其至红车断裂上盘仍有分布。上部主要由底部 2 或 3 套稳定的煤层和上部的灰色砂泥岩组成。

三工河组(J_1s)：岩性为灰色、褐红色砂岩、泥岩互层沉积，砂地比平均为20%～30%，地震反射振幅较弱，局部呈现空白反射，为一套三角洲与湖泊交互沉积的沉积体系。

西山窑组(J_2x)：地层基本上继承了三工河组的特征，但受上覆齐古组的强烈削蚀，分布范围局限，仅限于红车断裂带下盘。岩性为灰色砂岩及灰色泥岩互层，砂地比平均40%，三角洲沉积为主要特征。

齐古组(J_3q)：岩性多为灰色、灰绿色砂砾岩，砂岩含量高，为典型的辫状河流沉积体系，地震反射呈现高振幅高连续特征，在盆地边缘被上覆白垩系削蚀。

5. 白垩系

白垩系为陆上河流相沉积。下白垩统分布于全盆地，不整合或假整合于侏罗系及更老地层上，为一套以泥质岩为主的湖相和湖沼相沉积，岩性为杂色条带状泥岩夹薄—中层状中细粒砂岩和粉砂岩，横向变化不大，最大厚度可达1594m，自下而上可分为清水河组(k_1q)、呼图壁河组（k_1h）、胜金口组（k_1sh）和连木沁组（k_1l），各组岩性及沉积特征如下所述。

清水河组(K_1q)：该组岩性为灰绿色薄层中—细粒钙质砂岩与泥岩的薄交互层，水流波痕发育，底部为厚薄不等的钙质砾岩或泥砂质角砾岩，厚66～357m。底部为辫状河流沉积，中上部属河流三角洲沉积。

呼图壁河组(K_1h)：该组与下伏地层为连续沉积，岩性为灰绿色、暗紫红色、棕红色泥岩，砂质泥岩，少量页片状泥岩的条带状互层，夹细砂岩、粉砂岩和泥灰岩薄条、厚28～636m，属湖泊相沉积。

胜金口组(K_1sh)：该组整合于下伏地层之上，岩性为灰绿色、黄绿色的泥岩、砂质泥岩薄层细砂岩、泥质粉砂岩和灰白色钙质砂岩、泥灰岩薄层，厚27～139m，属较深水湖相泥质沉积。

连木沁组(K_1l)：岩性为灰绿色、紫红色、褐红色泥岩、砂质泥岩互层，夹灰绿色、浅褐色薄层—中层状砂岩、粉砂岩及少量钙质砂岩，地层厚度为 22~509m。

上白垩统东沟组(K_1d)：该组整合于吐谷鲁群之上，是一套山麓河流相的红色沉积。岩性一般为暗红色、棕红色泥岩、砂质泥岩与厚层—块状的透镜状砾岩、含砾砂岩、砂岩的不规则互层，含钙质团块，属河道与河漫相沉积，厚 46~813m。

6. 古近系(E)和新近系(N)

盆地内的古近系—新近系地层发育，主要为陆相红层沉积。总体沉积特点为北部厚度小，沉积物粒度细，分布远比中生界广；盆地南部厚度大，沉积碎屑粒度粗，一般分布不及中生界广（山间小盆地例外），既有分异很好、分组明显的沉积，也有无法再分的全部为磨拉石红层沉积。

紫泥泉子组($E_{1-2}z$)：其岩性为暗红色、棕红色泥岩，砂质泥岩夹不规则的厚层—块状砾岩、含砾砂岩、砂岩的透镜体，局部夹薄层石膏和膏泥岩，厚 15~855m，一般在 450m以上。横向变化大，砂砾岩体此消彼长，表明为辫状河道与河泛平原，局部为蒸发浅水湖沼沉积。

安集海河组($E_{2-3}a$)：该组与紫泥泉子组为连续过渡沉积，岩性为暗灰绿色泥岩夹薄层—厚层状砂质介壳层，介壳灰岩及少量钙质细砂岩。下部为灰绿色及紫红色泥岩夹少量砂岩和介壳岩；上部介壳灰岩十分发育，几乎与泥岩等厚，偶夹不稳定的紫红色泥岩条带，厚44~800m，一般为 350~650m。该组为较稳定浅—深湖相泥质沉积。

沙湾组(N_1s)：地层沉积时期，准噶尔盆地水浅盆阔，底部沉积了一套红褐色砂砾岩、砂岩的辫状河地层；上部为一套褐色砂岩-厚层褐色泥岩的三角洲-湖泊沉积地层，明显表现出大范围的湖侵，地震振幅强连续性好，在车排子南部地区，广泛分布，厚度由北向南、东南增厚。

三、构造演化史

中拐凸起位于准噶尔盆地西北缘，从石炭纪火山岩形成至今，经历了多期次构造运动的影响。根据研究区构造解析结果及区域地质背景，结合前人已有的研究认识，中拐凸起的演化阶段，从华力西构造运动中晚期已经开始隆起，后经印支构造运动、燕山构造运动继承发展，至喜马拉雅构造运动最终定型，经历了一个构造活动由强至弱直至消亡的完整旋回。

石炭纪(C)中晚期，受准噶尔—吐鲁番陆块的西北缘与古哈萨克斯坦地块前缘间强烈碰撞拼合运动影响，红车断裂带和 H3 井断裂带上下断盘产生差异抬升，导致中拐凸起雏形产生。此时，准噶尔西北部缘周边山系构造运动强烈，进入构造强烈增生期，西北边界大型控边断裂活动强度和规模较大，并伴随有频繁的岩浆活动，而哈拉阿拉特山以南稳定区持续下沉进入准噶尔内陆成盆拗陷发育期。在地震剖面石炭系(C)基底与上覆佳木河组(P_1j)显示出明显的反射零乱现象，表现出明显的角度不整合接触关系，这个角度不整合记录了这次大型的构造运动。

早二叠世(P_1)晚期，中拐凸起隆升速度较快，导致中拐五八区及凸起中部不同程度的缺失下二叠统风城组(P_1f)和中二叠统夏子街组(P_2x)。中二叠世(P_2)晚期沉积的下乌尔禾组(P_2w)表现为向中拐凸起中部上超,下乌尔禾组(P_2w)的尖灭线明显向西方向前进,说明中拐凸起在早二叠世(P_2)晚期开始发生大规模湖进。

晚二叠世(P_3),准噶尔西北缘构造运动较为稳定和平缓,区内大型的主控断裂活动强度减弱,沉积的上二叠统上乌尔禾组(P_3w)地层在整个中拐凸起上发生大规模上超,中拐凸起至此进入潜伏埋藏阶段,直至三叠纪(T);上乌尔禾组(P_3w)层系中断裂和褶皱显著减少,表明该时期断裂活动明显减弱,几乎没有褶皱作用。

三叠纪(T)晚期,中拐凸起整体抬升,并造成三叠系(T)地层出现短期剥蚀。侏罗纪(J)—新近纪(N)时期,整个西北缘区域构造背景由构造挤压转变为外压内张的环境,稳定的构造环境使得侏罗系(J)地层在整个中拐凸起上分布较为完整,表现出明显的超覆沉积特征。受燕山运动的影响,在侏罗纪(J)—新近纪(N)改造阶段的内部形成侏罗系中上统(J_{2-3})与下统(J_1)的不整合,以及白垩系(K)与侏罗系(J)地层的不整合,此类改造均属于整体构造升降运动。

第三节　油气区勘探开发现状

一、勘探开发简况

中拐凸起的油气勘探工作开始于20世纪中期,20世纪70年代以前,油气勘探主要以重力勘探、磁力勘探和电法勘探为主,70年代以后逐渐在局部开展常规地震勘探,20世纪90年代,中拐凸起进入全面油气勘探阶段。到现在为止,研究区二维地震测网密度可达2km×3km～1km×2km,三维地震勘探覆盖范围超过95%。中拐地区的钻探始于1980年,在1990年以前,钻探目的层以二叠系为主,90年代以来,钻探目的层逐步扩展到石炭系、二叠系、三叠系、侏罗系,其中G4井、G148井、G10井、K102井等分别在侏罗系三工河组、三叠系克拉玛依组、二叠系上乌尔禾组、二叠系佳木河组获得工业油流。G4井在三工河组获3.42t/d的工业油流,含油面积为1km^2,1994年上交预测石油地质储量112×10^{4}t。G8井在侏罗系三工河组取心获含油岩心,八道湾组获1.08t/d的油流。G16井在三工河组6mm油嘴获23.55t/d的工业油流,2000年上报控制含油面积为8.2km^2,石油地质储量504×10^{4}t。G17井在三工河组(J_1s_{13})3.5mm油嘴获12.74t/d的工业油流。G19井在三工河组(J_1s_{21-3})6mm油嘴获油28.0t/d,气3130m^3/d。G201井在八道湾组恢复试油获5.71t/d的油流。近几年来,对于西北缘的火山岩油气勘探开发掀起了高潮,在西北缘进行了撒网式的滚动勘探,已上报不少探明储量。其中有不少开发效果较好,如九区南部的原古16井区和新申报的古451井区,形成了年产20×10^{4}t的生产能力。中拐凸起火山岩的勘探也取得了一系列突破,多口井表现出良好的油气显示:如573井试油结果为油层,日产油96.38t,日产气0.832×10^{4}m^3;563井试油结果为油层,日产油9.35t,日产气0.057×10^{4}m^3;574井试油结果为油层,日产油14.6t,日产气0.095×10^{4}m^3;红019井试油结果为油层,日产油105.96t,日产气2.14×10^{4}m^3;H56a井试油结果为油水同层,日产油29.3t,日产气0.375×10^{4}m^3;K114井试油结果为油层,日产油13.38t,日产气0.018×10^{4}m^3;HS6井试油结果为油水同层,日产油2.04t。勘探结果表明,该区具有多层系含油、多期成藏的特点。截至目前，已探明侏罗系含油面积为 82.77km^2（G20 井区、克拉玛依油田、红山嘴油田），探明石油地质储量 6664.07×10^{4}t；探明三叠系含油面积为 119.29km^2（克拉玛依油田、红山嘴油田），探明石油地质储量 6368.99×10^{4}t；探明二叠系含油面积为 184.61km^2（克拉玛依油田），探明石油地质储量 19405.10×10^{4}t，探明二叠系含气面积为 33.09km^2（K75 井区、K82 井区、546 井区、581—561—K84 井区），探明天然气地质储量 206.72×10^{8}m^3。

该区石炭系勘探程度相对较低，目前探明石炭系含油面积为 12.70km^2（H018 井区、H56a 井区、H71—H91—H120 井区），探明石油地质储量 745.00×10^{4}t，另有剩余出油气井点 11 口。其中，G10 井于 1996 年 3 月在石炭系火山岩 3964～3977m 井段试油，3.5mm 油嘴测试获日产油 0.003t、日产天然气 0.098×10^{4}m^3、日产水 26.8m^3，试油结论为含气水层；1996 年 4 月在石炭系火山岩 3897～3920m 井段试油，4mm 油嘴测试获日产天然气 0.032×10^{4}m^3、日产水 59.3m^3，试油结论为水层。2009 年 12 月 5 日～2010 年 5 月 21 日，K021 井在石炭系火山岩中 2598～2617m 井段试油，4mm 油嘴测试获日产油 66.38t、日产天然气 0.76×10^{4}m^3，试油结论为油层。之后，2010 年 7 月在 G10 井上倾部位部署钻探 JL6 井，2011 年 4 月在石炭系火山岩 3507～3520m 井段试油，4mm 油嘴测试获日产油 1.78t，日产水 24.11m^3，试油结论为油水同层。由于该区石炭系断层-岩性圈闭发育，且石炭系试油均见油气流，故 2012 年 5 月在 JL6 井上倾方向署钻探 JL10 井，同年 10 月在石炭系火山岩 3138～3156m 井段试油，未经压裂改造 3.5mm 油嘴测试获日产油 17.28t，日产天然气 0.313×10^{4}m^3；2013 年 3 月在 3312～3319m 井段试油，压裂后油水同出，4mm 油嘴测试获日产油 15.31t，日产天然气 0.274×10^{4}m^3，日产水 24.78t。2012 年 11 月再次部署 JL101 井，2013 年 8 月在石炭系火山岩 3200～3216m 井段试油，经压裂后测试获日产油 21.97m^3。此外，通过老井复查发现，钻至石炭系火山岩中的钻井大多数都可见到良好的油气显示，表明中拐凸起石炭系火山岩油气成藏条件优越，勘探前景良好。

二、存在问题

前期已有研究结果表明，中拐凸起石炭系火山岩储层具有诸多的独特性，主要表现在：储集岩岩类复杂，组分变化大；岩相变化快，多期叠置；储层裂缝发育，裂缝类型多样，裂缝分布非均质性强；储层为厚层状火山岩体，属于孔隙-裂缝型双重介质储层，油水关系复杂；储层非均质性强，同时储层非均质性造成含油气性的非均质性；油藏受断裂控制，不同的断裂将研究区分割为不同断块，均为带底水块状油藏，具有不同的油水界面。中拐凸起石炭系火山岩油气藏的这些特点势必决定了油气藏的勘探开发难度较大，经过 60 多年的勘探与开发，目前相对较低的勘探程度也说明了这个问题。

一系列高产井的发现，势必会推动中拐凸起石炭系火山岩的油气勘探，加深对该区火山岩储层及油气藏的认识。而前期针对储层特征及预测等方面的研究和认识还存在许多的不足：第一，受喷发岩浆性质、喷发模式等影响，中拐凸起石炭系火山岩岩性复杂，火山岩岩性识别符合率低，识别效果不理想；第二，火山岩岩相变化大，岩性岩相平面展布特征刻画不精细；第三，受火山岩岩性岩相特殊性的影响，同时受后期的成岩及构造作用的控制，储层非均质性强，储层特征及主控因素研究相对滞后，影响油气藏的整体研究；第四，火山岩储层具有"无缝不成藏"的说法，大多数火山岩油藏储层都是裂缝性储层，研究区裂缝系统发育，非均质性极强，目前对该区裂缝特征、发育程度及分布规律等特征认识不清，临近的小拐油田正是因为对储层裂缝的认识不足，使得油田建设投入的数十亿元资金基本上全部落空；第五，研究区石炭系火山岩勘探和研究程度相对较低，钻至石炭系的探井相对较少；而且对于火山岩储层而言，其岩石结构多样、矿物组分复杂，成藏条件受岩性、裂缝发育、构造条件、外部环境等多方面因素影响，使其成藏规律难以明确。

第三章 中拐凸起石炭系火山岩岩性特征与识别

火山岩储层的发育分布与岩性密切相关，岩性是火山岩油气储层研究的基础，准确地识别和刻画火山岩岩性，提高火山岩岩性识别的准确率，对火山岩岩相划分、地层对比及储层评价具有重要意义。与沉积岩相比，不同类型的火山岩在储集特征、岩相、成藏方面差异极大。因此确定火山岩的岩性和识别不同火山岩是火山岩储层表征的重点内容之一。受喷发岩浆性质、喷发模式等因素的影响，火山岩的矿物成分、结构、构造相当复杂，导致其岩性种类繁多，岩性识别难度大。

第一节 火山岩岩性识别技术及进展

对于火山岩储层而言，由于火山岩深埋地下，对岩性的识别需借助大量间接方法和手段。在广泛实践基础上，目前对火山岩岩性识别形成了一定的方法和技术，其中较为重要的方法包括岩心观测及显微薄片法、地球化学方法、地震方法、地球物理测井、主成分分析、聚类分析、神经网络等。

一、岩心观察和镜下鉴定

岩心观察和薄片鉴定方法是最方便、最经典，也是最权威和最直接的一种火山岩识别方法。不同的岩石类型，其成分、颜色、结构、构造各不相同，通过上述岩石学特征的观察分析可以确定岩石类型。但钻井取心成本高，工作量大，取心进尺一般较少，必须用其他方法加以补充。

二、地球化学方法

由于火山岩浆结晶程度差，岩心观察和镜下鉴定方法难以对其进行精确定名，因此必须选用新鲜火山岩，通过化学全岩分析，获得火山岩中 SiO_2、Na_2O、K_2O 等化学组分的含量，然后按照相关的标准来确定火山岩的名称、碱度、系列等。

目前最常用的就是国际地质科学联合会采用的 TAS 图版来确定岩石类型。该方法以 SiO_2 百分含量为横坐标，以 Na_2O+K_2O 百分含量为纵坐标。根据 SiO_2 和 Na_2O+K_2O 的百分含量，将二维平面图划分为不同的岩性带。将实际测得的数据投影在该投影点所在的岩性带，就是所测火山岩的岩石类型。另外，对于风化蚀变严重的火山岩，采用惰性元素进行命名，可以进一步提高识别准确性。

三、测井识别法

利用测井资料进行岩性识别是火山岩岩性识别最重要的手段之一，并且已经取得了良好的成效。火山岩由于成因和组成的物质成分不同,不同的火山岩所表现出来的物理性质也不同,在不同测井曲线上的响应各异。测井识别方法主要包括成像测井识别法、常规测井识别法以及其他特殊测井法。

成像测井法主要是依据地质取心岩性定名的岩石结构、构造等宏观特征,即全直径岩心扫描图像和地质现场描述结果,建立标准地质岩性模式库。根据标准地质岩性模式库刻度成像测井资料,建立标准测井模式图像库,进行岩性识别。

在常规测井识别方面,常规测井识别最初主要是依据测井曲线的形状来定性判别火山岩岩性,而曲线的形状又是相对比较的产物,尺度上比较难于把握,主要是依靠解释人员的经验来判断,所以这种方法应用起来具有很大的主观性。目前运用最多的是测井交会图方法,交会图法是把两种测井数据在平面图上交会,根据交会点的坐标定出所求参数的数值范围的一种方法,其广泛应用于确定岩性、孔隙度和含油气饱和度等。该方法在岩性识别中能直观地反映各种岩性的分界和所分布的区域,是识别复杂火山岩岩性的有效方法。近年来,ECS、FMI 等特殊测井技术的发展,在火山岩化学成分识别、结构构造识别等方面取得巨大进步,也为火山岩识别提供了有利的技术支持。

四、地震方法

利用地震信息在大范围内进行火山岩岩体分布预测是一种有效的途径。火山岩在地震剖面上的反射特征一般表现为中强振幅,连续性较差。裂隙式喷发,外部形态为单斜,波形为似蚯蚓状,内部反射结构为平行或似蚯蚓状连续反射;中心式喷发,其外部形态为丘状,内部反射结构为杂乱反射或空白反射;多期喷发,其外部形态为楔形或透镜状,内部反射为平行反射或亚平行反射。地震方法可以用以确定火山岩体的存在并圈定出火山岩体的空间位置,根据振幅的强弱和连续性可以推断火山岩的特性。

五、重磁电方法

火山岩普遍表现为具有较高密度、较高磁性和电性的特征,且随岩性由酸性向基性呈逐渐增大趋势。中基性火山岩磁化率最强,引起强度高的磁力异常,并且一般多为高频磁力异常;中酸性火山岩磁化率也较强,它一般引起强度中等的磁力异常,并且一般多为中频磁力异常;火山碎屑岩磁性随其岩石成分而变化,但整体上较熔岩类磁化率低;正常碎屑岩磁化率最低。此外,值得说明的是,火山岩体引起的磁力异常强度不但与其磁性强度有关,还与火山岩体发育规模、产状有关,同一磁性强度的大规模火山岩体和极小规模火山岩体存在明显的磁异常差异,因而可以利用高精度重磁电方法,区域大范围内圈定火山岩体的分布。

国内外对于火山岩岩性识别的研究均是立足于实际研究区的地质特征,针对其地质特点开展研究,并注重与岩心分析的结合,以多信息综合判别。总体来看,岩心观测及显微薄片法主要依靠岩屑及岩心进行标本观测及镜下鉴定,准确度和可靠性最高,但是由于钻井及取心数量的限制,难以在整个研究范围内推广使用;地震方法在研究大范围内火山岩体展布方面有独特优势，但是其对具体岩性的刻画精度不足，且需依靠单井资料进行标定才能完成。

目前通常采用的岩性识别方法主要是地球物理测井法，并且越来越强调与数学方法相结合，采用聚类分析、Q因子及神经网络等进行岩性综合判别。

纵观国内外各油田对复杂火山岩岩性识别的研究可以看到，今后研究的趋势是：第一，充分发挥各种岩性识别方法的优势，综合应用多种测井岩性识别方法，并根据实际情况建立区域性的岩性识别模型，这是用测井资料对火山岩岩性识别的前提；第二，挖掘岩心资料与测井资料在岩性识别领域相互依存的关系，实现地质和测井的有机结合及互为佐证。从地质资料中研究火山岩岩石类型，从测井资料中挖掘测井曲线组合特征。将地质资料和测井资料相互佐证，并与一定的数学方法相结合，最终达到准确识别岩性的目的。

第二节 火山岩岩石学特征

一、火山岩地化特征及喷发环境

中拐凸起位于准噶尔盆地西北缘西部隆起，为准噶尔地块与哈萨克斯坦板块的碰撞缝合带，自基底形成之后，构造活动强烈，石炭纪(C)的构造运动对准噶尔盆地的影响尤为重要，它是整个盆地由活动的盆-山体系逐渐发展过渡为较稳定盆-地体系的关键时期。早石炭世(C_1)时期，准噶尔盆地主要构造背景为以准噶尔—吐哈古陆为中心，其周围主要发育海陆过渡环境以及海洋环境；晚石炭世(C_3)时期，盆地主要构造背景为发育陆内裂谷，以充填海陆过渡环境的火山岩-沉积岩组合为其主要的地层特点。

1. 主量元素特征

通过钻井资料、薄片资料及测井资料分析，研究区石炭系火山岩以火山熔岩和火山碎屑岩为主(个别井点发育侵入岩)。根据石炭系6口钻井的主量元素数据分析表明(表3-1)，样品主量元素的含量差别较大。其中SiO_2含量为53.99%～76.04%，表明样品主要为中性火山岩和酸性火山岩；Al_2O_3的含量为11.81%～22.87%；富碱(Na_2O+K_2O=1.00%～8.12%，普遍集中在4.32%～8.12%)，K_2O/Na_2O为0.01～2.91，普遍集中在0.01～0.47；富钙(CaO=0.34%～15.56%，集中于1.03%～6.36%，平均值为3.15%)、铁(Fe_2O_3(T)=2.89%～10.61%，平均值为5.89%)和镁(MgO=0.45%～5.04%，集中于0.45%～4.41%)。铝指数A/CNK为0.36～8.54，大部分为0.72～1.48，属于准铝质—弱过铝质—过铝质岩石。在TAS火山岩分类图解(图3-1a)中，样品均落在亚碱性范围内，其中仅1个样品落在玄武安山岩中，2个样品落在安山岩范围附近，其余样品基本落在英安岩和流纹岩范围内。SiO_2-K_2O图解(图3-1b)中，样品落在低钾拉斑玄武岩-钙碱性系列内，花岗岩样品均落在钙碱性系列内，其余样品大部分落在低钾拉斑玄武岩系列，具有同期岩浆演化的特征，即岩浆演化晚期的产物——花岗岩相对要更富钾。里特曼指数$\delta[(Na_2O+K_2O)^2/(SiO_2-43)]$=0.05～2.79，其中15个样品的$\delta<1.8$，属钙性系列，另外7个样品的$\delta$为1.8～3.3，属钙碱性系列。在AFM图解中，样品落在钙碱性范围内(图3-2)。

表 3-1 中拐凸起石炭系火山岩主量元素测试数据表

序号	样品号	深度/m	Al₂O₃ (wt%)/%	CaO (wt%)/%	Fe₂O₃(T) (wt%)/%	K₂O (wt%)/%	MgO (wt%)/%	MnO (wt%)/%	Na₂O (wt%)/%	P₂O₅ (wt%)/%	TiO₂ (wt%)/%	SiO₂ (wt%)/%
1	581-8	3109.8	16.249	2.882	4.524	1.282	1.089	0.09	5.5	0.124	0.495	67.765
2	581-9	3110.5	15.789	2.039	5.586	1.167	0.95	0.088	6.951	0.204	0.641	66.586
3	581-10	3299.1	15.736	4.293	6.548	1.905	2.303	0.195	4.05	0.249	0.817	63.904
4	581-11	3434.7	14.334	3.075	5.777	1.989	1.845	0.161	4.797	0.269	0.794	66.958
5	585-5	3336	12.528	15.558	6.726	0.293	5.039	0.294	4.023	0.214	1.333	53.991
6	585-7	3576.8	13.654	3.019	4.253	2.436	1.524	0.064	1.889	0.13	0.607	72.424
7	G16-1	2810.8	22.865	0.8	8.635	0.743	0.883	0.175	0.255	0.021	1.158	64.466
8	G16-2	2829	14.802	2.002	9.576	0.925	2.839	0.299	4.178	0.175	0.97	64.234
9	G16-3	2930.1	15.051	1.121	10.609	0.585	3.252	0.19	4.554	0.179	1.086	63.372
10	G16-4	2936.1	15.969	4.216	9.555	0.269	4.032	0.172	5.984	0.174	1.117	58.513
11	G16-5	2938	16.031	4.218	7.062	0.888	3.872	0.135	4.909	0.137	0.651	62.096
12	HS4-1	2217.3	13.397	1.306	4.573	3.011	1.876	0.049	2.772	0.151	0.616	72.249
13	HS4-2	2464.3	16.485	2.656	4.011	2.937	1.656	0.053	2.053	0.108	0.638	69.403
14	JL2-2	4261.5	11.995	0.335	3.946	0.05	1.075	0.104	6.219	0.015	0.223	76.039
15	JL2-5	4607.8	13.07	1.028	3.64	1.058	0.571	0.098	6.185	0.103	0.505	73.743

注：数据来源于张杰等（2012），孙同强等（2011）。

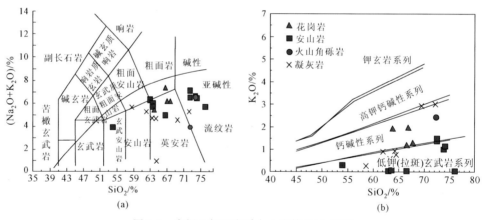

图 3-1 中拐凸起石炭系火山岩的 TAS 图解

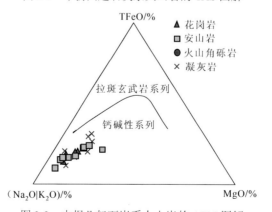

图 3-2 中拐凸起石炭系火山岩的 AFM 图解

上述结果表明，中拐凸起石炭系不同岩相的火山岩，属中性—酸性火山岩，富铝、钠、钙、铁和镁，贫钾，属准铝质—弱过铝质—过铝质岩石，低钾拉斑玄武岩-钙碱性系列岩石。

2. 稀土、微量元素特征

中拐凸起石炭系火山岩的稀土总量大部分偏低（$\sum REE=45.88\times10^{-6}\sim216.89\times10^{-6}$，大部分为 $45.88\times10^{-6}\sim119.18\times10^{-6}$）。稀土元素配分模式图为平缓型，略呈右倾型（图 3-3a、表 3-2），轻重稀土分馏不明显[$\sum LREE/\sum HREE=2.34\sim8.63$，$(La/Yb)_N=0.76\sim3.31$]，轻稀土分馏较强（$(La/Sm)_N=0.60\sim1.94$），重稀土分馏很弱[$(Gd/Yb)_N=1.07\sim1.99$]。Eu 以弱负异常为主（$\delta Eu=0.72\sim1.15$），暗示岩浆源区有部分斜长石残留或者岩浆演化过程中经历了较弱的斜长石分离结晶作用。在微量元素原始地幔标准化蛛网图中（图 3-3b），亏损 Rb、Nb、Ta、Sr、P 和 Ti，富集 U，暗示具有弧火山岩的特征。

表 3-2　中拐凸起石炭系火山岩微量元素测试数据表

序号	样品号	La /(10⁻⁶)	Ce /(10⁻⁶)	Pr /(10⁻⁶)	Nd /(10⁻⁶)	Sm /(10⁻⁶)	Eu /(10⁻⁶)	Gd /(10⁻⁶)	Tb /(10⁻⁶)	Dy /(10⁻⁶)	Ho /(10⁻⁶)	Er /(10⁻⁶)	Tm /(10⁻⁶)	Yb /(10⁻⁶)	Lu /(10⁻⁶)
1	581-8	8.702	19.359	2.624	11.865	2.754	1.108	3.153	0.499	3.084	0.659	1.986	0.299	2.086	0.339
2	581-9	11.33	25.292	3.413	15.824	3.843	1.391	4.264	0.691	4.104	0.871	2.582	0.38	2.572	0.39
3	581-10	17.525	39.195	5.193	23.826	5.912	1.897	6.591	1.059	6.78	1.438	4.254	0.599	4.274	0.639
4	581-11	20.109	44.742	5.891	27.009	6.36	1.897	7.249	1.188	7.199	1.498	4.353	0.639	4.303	0.669
5	585-5	8.148	20.091	2.766	13.201	3.265	1.208	3.725	0.619	3.635	0.749	2.117	0.3	2.077	0.31
6	585-7	15.2	31.478	4.082	17.096	3.683	1.218	3.803	0.569	3.244	0.659	2.026	0.309	2.126	0.329
7	G16-1	42.782	91.441	10.286	40.416	7.545	1.891	7.747	1.001	5.391	1.092	3.267	0.455	3.105	0.465
8	G16-2	6.015	16.927	2.538	13.309	4.127	1.369	4.686	0.829	5.286	1.059	3.048	0.42	2.828	0.41
9	G16-3	6.424	18.071	2.642	13.828	4.303	1.341	4.863	0.881	5.473	1.171	3.432	0.47	3.162	0.5
10	G16-4	4.308	12.384	1.929	10.045	2.879	1.119	3.408	0.58	3.618	0.75	2.169	0.31	2.069	0.31
11	G16-5	6.717	16.179	2.206	10.171	2.645	0.858	2.805	0.489	2.964	0.619	1.837	0.26	1.727	0.279
12	HS4-1	14.771	35.021	4.173	17.989	4.054	1.016	4.064	0.618	3.665	0.747	2.271	0.329	2.221	0.339
13	HS4-2	25.365	56.55	6.707	27.239	5.392	1.375	5.601	0.797	4.465	0.887	2.781	0.399	2.88	0.439
14	JL2-2	20.87	56.07	7.6	34.36	8.96	1.66	10.08	1.76	11.1	2.37	6.99	1.05	7.4	1.11

注：数据来源于张杰等（2012），孙同强等（2011）。

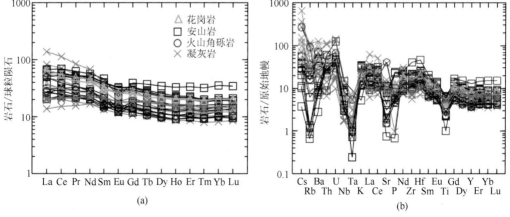

图 3-3　中拐凸起石炭系火山岩的稀土元素配分模式图(a)和微量元素蛛网图(b)

（数据来源于张杰等（2012），孙同强等（2011））

3. 岩浆源区性质及喷发环境

火山岩富铝、钠、钙、铁和镁，贫钾，稀土总量普遍偏低（大部分为 $45.88×10^{-6}$～$119.18×10^{-6}$），稀土元素配分模式图基本为平缓型，亲铁元素 Co（Co=$19.49×10^{-6}$～$74.15×10^{-6}$）和 Sc（Sc= $9.58×10^{-6}$～$31.38×10^{-6}$）含量高；以上地球化学特征表明火山岩岩浆来源于岩石圈地幔；SiO_2 含量较高（53.99%～76.04%），表明岩浆演化程度高；亏损 Nb 和 Ta，富集 U，暗示岩浆演化过程中有陆壳物质的混入，反映了中拐凸起石炭系火山岩可能靠近大陆一侧侵位。

中拐凸起石炭系火山岩具有由以低钾拉斑玄武岩系列为主，逐渐向中钾钙碱性系列演化的特征，微量元素蛛网图中亏损 Rb、Nb、Ta、Sr、P 和 Ti，富集 U，暗示具有弧火山岩的特征。火山岩为中酸性亚碱性岩石，结合火山岩上覆为扇三角洲相的泥岩夹砂岩、砾岩夹泥岩、砾泥岩与砾泥质粉砂岩互层并夹泥岩级泥质粉砂岩，进一步反映了石炭系火山岩形成于岛弧环境。

从准噶尔盆地腹部陆西地区和西北缘中拐凸起石炭系火山岩样品的岩石地球化学分析数据对比来看，盆地腹部石西地区石炭系火山岩具有岛弧型碱性火山岩特征（近大陆边缘一侧），石西地区东部的石南一带更靠近岛弧边缘，玛东和夏盐一带更靠近大陆一侧，而西北缘中拐凸起石炭系火山岩位于大陆内侧，可能已经经历过陆壳熔融作用。

二、火山岩岩性特征

从目前世界火山岩的勘探情况来看，已有油气发现的火山岩岩性非常复杂，能够成藏的火山岩类型有玄武岩、凝灰岩、粗面岩、流纹岩、拉斑玄武岩、辉绿岩、火山碎屑岩及火山角砾岩等。总体上，中拐凸起火山岩的岩石类型主要包括火山熔岩和火山碎屑岩，个别井点发育少量侵入岩。

根据中拐凸起石炭系探井资料、薄片资料、测井解释及岩心资料的统计，研究区凝灰岩占火山岩岩性总厚度的34%，安山岩占28%，火山角砾岩占19%，玄武岩占10%，花岗岩占9%。总体上，研究区火山岩中，安山岩、凝灰岩所占比例较大，其次为火山角砾，主要包括火山熔岩和火山碎屑岩，个别井点发育少量侵入岩。火山熔岩主要为中、基性岩类，包括安山岩、玄武岩及过渡类型，火山碎屑岩主要包括火山角砾岩和凝灰岩类，侵入岩主要是花岗岩（表3-3）。在局部井点发育有少量的侵入岩体，岩性主要为酸性花岗岩等（图3-4）。

表 3-3　中拐凸起石炭系火山岩分类表

大类	类型	主要岩性
火山熔岩类	基性火山岩	玄武岩、安山质玄武岩
	中性火山岩	安山岩、玄武质安山岩
火山碎屑岩类	正常火山碎屑岩	火山角砾岩、凝灰岩
	沉火山碎屑岩	沉凝灰岩
侵入岩	酸性岩	花岗岩

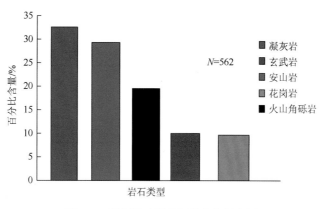

图 3-4　研究区石炭系岩性分布频率图

（一）火山熔岩

火山熔岩是地下深处的岩浆喷出地表所形成的熔岩经冷凝固化而成的岩石。中拐凸起发育的火山熔岩主要为安山岩和玄武岩。

1. 安山岩

安山岩主要分布于中拐凸起中部及外围，以 597 井、598 井、G26 井及 JL6 井等为代表，颜色以深灰色、褐灰色、棕灰色为主，结构主要为斑状结构、交织结构、构造多呈气孔或杏仁状构造（图 3-5、图 3-6 及表 3-4）。斑晶成分主要为中性斜长石和少量辉石，辉石斑晶呈自形、半自形，多具有暗化边，且具不均匀的绿泥石化和黑云母化，基质主要由微晶针状斜长石和玻晶组成，构成显微玻晶交织结构，另含少量细小粒状磁铁矿和辉石，安山岩中常发育气孔和冷凝收缩缝，其气孔多呈椭圆形或不规则状，镜下及岩心观测可见气孔被充填而成为杏仁体，充填物包括方解石、绿泥石、沸石及硅质等，气孔或杏仁体在岩心及薄片中含量变化范围较大，通常变化为 10%～30%。

表 3-4　中拐凸起石炭系火山岩基本特征

岩石类型		颜色	结构	构造	电性特征
火山熔岩类	安山岩	灰色、灰绿色褐灰色	斑状结构、辉长结构基质玻晶交织结构	块状构造杏仁构造	自然伽玛值大于 40API
	玄武岩	褐灰色深灰色	斑状结构基质具间粒间隐结构	杏仁构造块状构造	自然伽玛值小于 40API
火山碎屑岩类	凝灰岩	灰褐色深灰色	岩屑晶屑角砾凝灰结构火山灰凝灰结构	块状构造	自然伽玛值大于 40API电阻率 80～110Ω·m
	沉凝灰岩	灰色和深灰色	沉凝灰质结构	块状和微层理构造	自然伽玛值大于 40API电阻率小于 100Ω·m
	火山角砾岩	褐灰色灰色	凝灰角砾结构	块状构造	自然伽玛值大于 40API电阻率大于 80Ω·m
侵入岩	花岗岩	肉红色灰红色	似斑状结构	块状构造	自然伽玛值为 20～40API电阻率值大于 2000Ω·m

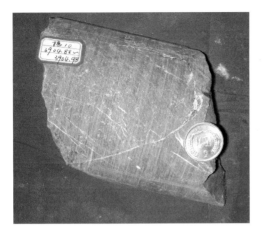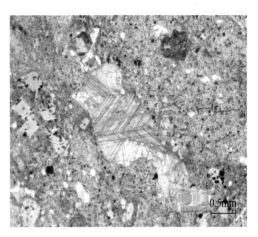

图 3-5　安山岩，G10，3904.8m，C　　　　图 3-6　交织结构安山岩，G16，2936.50，C

2. 玄武岩

玄武岩主要分布于中拐五八区，以 589 井、597 井、JL5 井等为代表，颜色以灰色、褐灰色、棕灰色为主，结构主要为间粒间隐结构、间粒交织结构，构造为杏仁状构造，基质玻晶交织结构，由杂乱分布的斜长石微晶组成，见少量磁铁矿、榍石等重矿物。斑晶主要为斜长石(大小为 0.2～1mm，含量为 5%～30%)，以自形长条状斜长石为主，斑晶常被绢云母、绿泥石等交代。玄武岩中气孔较为常见，多呈椭圆状或者浑圆状，充填程度较高，绝大多数气孔被绿泥石、方解石等矿物充填(图 3-7、图 3-8 及表 3-4)。

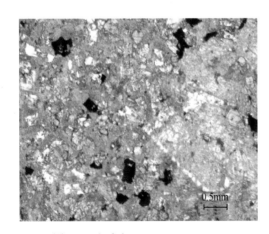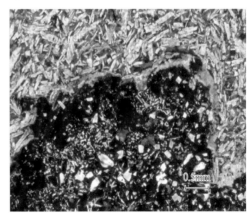

图 3-7　玄武岩，JL5，3352.02，C　　　　图 3-8　玄武岩，589，2330.74m，C

(二)火山碎屑岩

1. 火山角砾岩

火山角砾岩主要分布在中拐凸起中部及北部，以 596 井、H019 井、JL6 井等为代表。火山角砾岩主要呈砖红色、深灰色、灰绿色等，具火山角砾结构，块状构造。岩石主要由大小不等的火山角砾组成，火山角砾的成分较为复杂、变化较大，主要成分包括玄武质、安山质、流纹质等，角砾大小差异也较大，普遍为2～20mm及以上。基质主要是火山灰、火山尘等凝灰质物质及个别石英、长石晶屑胶结。火山角砾岩中微裂缝比较发育，部分微裂缝中有矿物质充填。

2. 凝灰岩

凝灰岩在中拐凸起斜坡带上较发育，以G150井、598井、596井等为代表，凝灰岩主要呈深灰色、灰绿色、灰白色、灰褐色等，结构为岩屑晶屑、角砾和火山凝灰结构，块状构造，研究区凝灰岩主要有晶屑玻屑凝灰岩、熔结凝灰岩和含火山角砾凝灰岩等三种类型。

图3-9　晶屑凝灰岩，K021，2616.88m，C　　　图3-10　含火山角砾凝灰岩，G16，2813.28m，C

（1）晶屑玻屑凝灰岩：主要由晶屑、浆屑、少量玻屑、珍珠岩岩屑及火山灰所组成，具有晶屑火山灰结构，块状构造。其晶屑成分以长石为主，浆屑呈撕裂状等不规则状（图3-9，表3-4）。岩石发生了沸石化作用，浆屑及长石晶屑、玻屑、火山灰等部分被沸石交代，较均匀，岩石中部分被泥化的部位因被Fe_3O_4浸染而呈褐红色。

（2）熔结凝灰岩：主要由具气孔-杏仁构造的玻屑及长石晶屑组成，还含有较多的浆屑及粗面质岩屑，具有熔结凝灰结构，假流纹构造。构成岩石组分的火山碎屑颗粒粒径小于2mm。

（3）含火山角砾凝灰岩：角砾成分主要由玄武岩、安山岩和火山碎屑物质（火山弹、火山块、火山砾等）等组成，角砾大小和含量变化非常大（图3-10，表3-4），具角砾凝灰结构。

（三）侵入岩

研究区钻遇的侵入岩主要为花岗岩，分布较为局限，仅在JL5井、G26井有发现，属于斜长花岗岩系列，多呈肉红色和灰红色，岩石多为似斑状结构、块状构造，矿物成分主要为斜长石、石英和部分深色矿物。花岗岩中石英常呈他形粒状晶体，斜长石自形程度高，深色矿物以黑云母为主（图3-11、图3-12及表3-4）。

除以上火山岩类型外，中拐凸起石炭系还存在少量其他岩类的火山岩，主要包括英安岩、火山角砾熔岩、流纹岩、霏细岩等，此类火山岩分布比较局限，仅在个别探井中有发现。

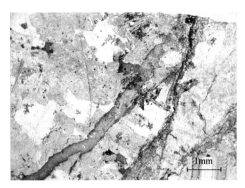

图 3-11　花岗岩，JL5，3401.00m，C　　　　　图 3-12　花岗岩，G26，3010.7m，C

第三节　火山岩岩性识别

针对中拐凸起石炭系火山岩岩性复杂的特点，主要采用成像测井识别、测井参数交会图法和遗传 BP 神经网络法对火山岩岩性进行综合识别。

一、成像测井法

成像测井主要包括声波成像测井和电阻率成像测井，目前火山岩地层成像测井主要以 FMI 测井为主，FMI 测井资料能够提供环井壁地层电阻率随深度变化的图像，可以清楚直观地反映岩石结构、构造等特征。由于成像测井资料是井下地质体电阻率和反射声波特性的综合反应，带有多解性，通常要结合岩心资料、常规测井资料来刻度成像资料，建立火山岩岩石岩性识别模式。

根据研究区钻井资料、成像测井资料的丰富程度，利用重点井的岩石薄片鉴定、常规测井对成像测井进行标定（表 3-5、图 3-13），建立了研究区石炭系火山熔岩及火山碎屑岩的成像测井识别模式，该模式能够较好地识别与区分出火山碎屑岩与火山熔岩，但是，对火山熔岩的识别方面，若无常规测井曲线的标定，安山岩、玄武岩及其过渡类型在成像测井上难以区别。另外，FMI 成象测井易受井眼环境、裂缝发育、成像质量变差等因素的影响，导致其岩性识别效果不尽如人意。

表 3-5　研究区火山岩岩石结构、构造 FMI 成像测井特征

岩石类型		电性特征	FMI 成像测井特征		
			颜色	形态	图像结构
火山熔岩	安山岩	GR 中等，DEN 中等 AC 中等，RT 中一高	黑色 深灰色	斑点状	均质块状
	玄武岩	GR 低，DEN 高 AC 低，RT 中一高，			
火山碎屑岩	火山角砾岩	GR 中等，DEN 中等 AC 低一中，RT 中一高，	亮白色 亮黄色	斑块状	不规则块状
	凝灰岩类	GR 高，DEN 中等 AC 低一中，RT	深浅相间、浅色	麻点	块状

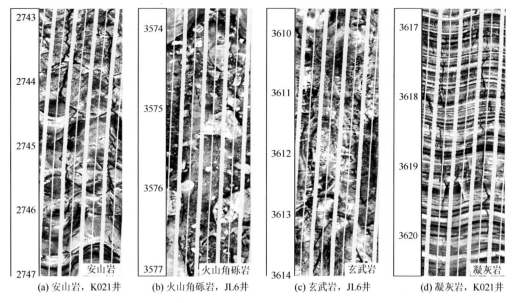

(a) 安山岩，K021井　(b) 火山角砾岩，JL6井　(c) 玄武岩，JL6井　(d) 凝灰岩，K021井

图 3-13　中拐凸起石炭系火山岩 FMI

二、测井交会法

交会图法是利用两种常规测井数据体进行交会，寻找不同类型岩石之间的测井响应差异，从而建立岩性识别标准。赵新建等(2011)对火山岩岩性识别实验表明，区别火山岩岩性的常规测井主要有自然伽玛(GR)、声波(AC)、电阻率(RT)、密度(DEN)、中子(CNL)五种测井数据体。

依据岩石类型，分别优选出反映岩性特性最为敏感的自然伽玛(GR)、声波时差(AC)、电阻率(RT)等测井参数，采用自然伽玛(GR)和声波时差(AC)、自然伽玛(GR)和电阻率(RT)交会图分析的方法，对火山岩岩性进行识别(图3-14、图3-15)。

根据典型探井薄片资料标定常规测井数据(先进行岩心归位)，分别进行自然伽玛(GR)和声波时差(AC)、自然伽玛(GR)和电阻率(RT)交会分析，建立火山岩岩性测井识别图版。图版中，不同火山岩岩类的变化范围为：凝灰岩自然伽马 40～80API，声波时差 40～

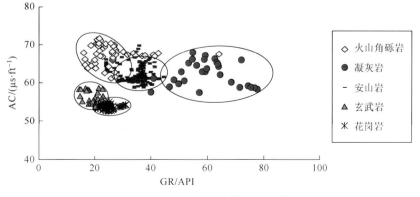

图 3-14　GR-AC 岩性识别图版

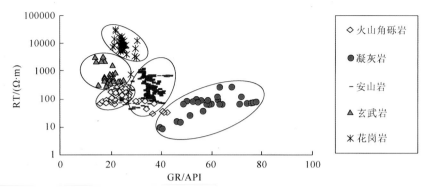

图 3-15　GR-RT 岩性识别图版

78μs/ft，电阻率 10~120Ω·m；火山角砾岩自然伽马 20~43API，声波时差 60~73μs/ft，电阻率 40~500Ω·m；安山岩自然伽马 20~46API、声波时差 30~70μs/ft，电阻率 45~950Ω·m；玄武岩自然伽马 10~22API，声波时差 53~60μs/ft 电阻率 200~4000Ω·m；花岗岩自然伽马 20~35API，声波时差 52~55μs/ft，电阻率 400~40000Ω·m（表 3-6）。利用该识别模式对 JL6 井、K021 井等 13 口资料丰富的井进行岩性识别，图版识别结果与实际资料吻合度达到 82.5%，表明该交会图识别模式较为可靠。

表 3-6　研究区不同火山岩测井参数交会特征

岩石类型	GR/API	AC/(μs·ft^{-1})	RT/(Ω·m)
凝灰岩	40~80	40~78	10~120
安山岩	20~46	30~70	45~950
火山角砾岩	20~43	60~73	40~500
玄武岩	10~22	53~60	200~4000
花岗岩	20~35	52~55	400~40000

　　从建立的识别图版可以看出，多数样品分布较为集中，表明利用自然伽玛（GR）和声波（AC）、自然伽玛（GR）和电阻率（RT）交会图能直观地反映各种地球物理测井信息对火山岩岩性变化的判别能力，根据常规测井参数的特点及变化，能够有效地识别出安山岩、凝灰岩、玄武岩、火山角砾岩及花岗岩等主要的火山岩类型。但是从图版中样品点的分布也可以看出，在图版中部分区域存在少量样品点相互交叉、分布重叠的现象，重叠区域岩性识别较为困难，需要结合其他地质资料（成像测井、ECS 元素测井等）进行综合判定。

三、遗传 BP 神经网络法

　　利用测井数据体识别火山岩岩性是目前较为普遍的研究手段，但是由于井下地质构造复杂，岩石中存在裂缝、流体及次生孔隙等，以及本身测井参数分布的模糊性，单纯利用测井数据体识别岩性，其识别效果往往不尽人意。因此，目前在采用测井参数识别火山岩岩性时，通常在岩心、薄片及成像测井标定测井参数的基础上，从中读取代表性岩石样本对应的测井参数值，建立岩性与测井参数对应关系的基础数据库，应用计算机进行定量化和信息化的研究，结合一定的数学方法和数学模型来识别岩性。

遗传 BP 神经网络作为一种非线性建模方法，以其本身独特的样本参数处理能力获取认知模式，在预测复杂非线性系统的行为中已经获得了广泛的应用。

1. 遗传 BP 神经网络的基本思想

遗传算法用于 BP 神经网络主要是用遗传算法学习 BP 神经网络的权重和学习神经网络的拓扑结构，采用遗传算法代替其他传统的算法，首先采用遗传算法优化神经网络的初始权重，然后利用 BP 算法完成网络训练。遗传 BP 神经网络所采用的学习过程由正向传播处理和反向传播处理两部分组成，采用的网络体系结构由三层组成：输入层、隐含层(或称中间层)和输出层，相同层的神经元之间没有连接，通过信息样本对神经网络的训练，不断改变处理单元间的连接强度，调整神经元间的连接权和神经元的阈值，根据误差反向传播来不断修正连接权和阈值，使误差沿梯度方向下降，最后进入稳定状态(图 3-16)。

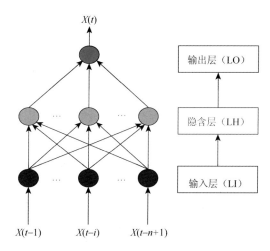

图 3-16　遗传 BP 神经网络算法流程图

其基本思想为：

（1）从样本中产生一组随机的分布，对随机分布中的每个权值进行编码；

（2）计算样本所产生的神经网络的误差函数，确定其适应度函数值，适应度函数值误差越大，表示其适应度越小；

（3）从若干适应度函数值中选取函数值最大的个体，直接遗传给下一代；

（4）采用交叉、变异等遗传操作算子对当前代的群体进行处理，产生下一代群体；

（5）反复实施此过程，直至得出满意结果为止。

遗传算法的实施过程为如下所述。

（1）染色体编码。连接拟采用的 BP 神经网络各层，组成向量 $\boldsymbol{P}$

$$\boldsymbol{P} = (p_1, p_2, \cdots, p_i, \cdots, p_n) \tag{3-1}$$

式中，p_i 是神经网络连接的权值，采用实编码，将网络的权值、阈值按顺序编成一个长形，成为一个染色体个体，然后随机生成初始群体。

(2)适应度函数。适应度函数值主要体现个体的优劣，适应度函数表达式为

$$T = K - Z \tag{3-2}$$

$$Z = \left[(1/R) \sum (N_i - P_i) \right]^{\frac{1}{2}} \tag{3-3}$$

式中，K 是常数，根据具体对象确定。Z 为网络的实际输出值与期望输出值之间的均方误差，R 为总样本数，N_i 是网络的实际输出值，P_i 是网络的期望输出值。将码串构成神经网络，计算训练样本通过该网络产生的误差，确定每个个体的适应度值。

(3)选择、交叉、变异。依据个体适应度进行选择、交叉和变异操作，组成下一代群体。之后选择比例算子，每一类个体被选中的概率与其适应度函数成比例；本书研究采用两点交叉实现交叉算子，交叉概率取 0.6(通常取值为 0.5~1)，变异概率为 0.01(通常取值为 0.001~0.1)；然后对每个个体的适应度进行计算，重复此过程，训练目标达到要求时则计算终止，得到最终结果。

2. 遗传 BP 神经网络识别火山岩岩性

利用遗传 BP 神经网络识别火山岩岩性，首先进行岩心归位，利用岩心资料标定测井参数，建立岩心(薄片)与测井参数对应关系的基础数据库，从数据库中选取代表性岩石样本(岩心、薄片等)对应的测井参数，利用遗传 BP 神经网络对样本进行训练，最终建立火山岩岩性识别数学模型。

1)岩心归位

由于岩心深度(钻井深度)与测井深度存在误差，需要把岩心深度归位到测井深度上，从而使测井的响应值与岩心分析值来自同一深度的地层，以保证测井信息能够准确地反映岩性。

岩心归位的最基本的方法是用岩心(或薄片)资料与测井曲线按同一比例进行纵向滑动对比，岩心归位深度值为岩心(或薄片)与测井变化趋势最接近时的深度标记误差。本书选择岩心分析孔隙度与测井的声波时差(AC)参数，再对比自然伽玛(GR)曲线，对岩心按测井深度归位。通过对岩心分析孔隙度、岩性与测井的密度(DEN)曲线及电阻率(RT)、自然伽玛(GR)等岩性曲线相互匹配、对比，实现岩心取心深度与测井深度的归位。利用岩心孔隙度与相应井的测井孔隙度曲线作相关性分析，确定岩心的归位深度。图 3-17、图 3-18 为 597 井归位前后对比图。

2)岩心(薄片)-测井资料数据库

在进行岩心归位处理后，将测井参数与岩心、薄片数据进行归类统计，建立岩心(薄片)-测井资料数据库，以便在选取代表性样本时可根据具体要求有针对性地确定岩性及对应的测井参数。

3)样本训练及应用效果

在岩心归位的基础上，从岩心-测井资料数据库中选取研究区典型火山岩岩性样本，利用岩心(薄片)样本标定对应的常规测井参数，选取对火山岩岩性变化较为敏感的 GR、AC、CNL、DEN、RT 等常规测井数据体作为训练样本。在综合分析的接触上，确定选取岩心归位资料比较丰富的 JL5 井、597 井、H56A 井、G16 井等 68 个典型样本作为学习训练样本(表 3-7)。

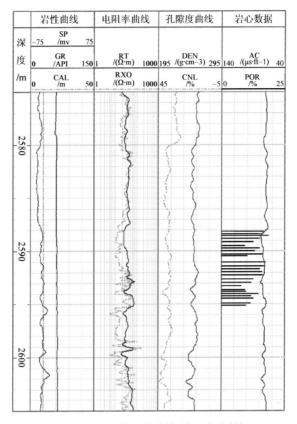

图 3-17　597 井测井曲线(岩心归位前)

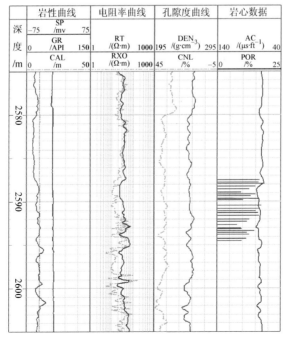

图 3-18　597 井测井曲线(岩心归位后)

表 3-7　研究区典型测井参数样本集

序号	井号	GR/API	AC/(μs·ft^{-1})	DEN /(g·cm^{-3})	CNL /(p·u)	RT /(Ω·m)	岩性	期望输出
1	JL5	32.361	53.57	2.668	0.066	4080.137	花岗岩	(1, 0, 1)
2	JL5	32.784	55.36	2.752	0.071	4101.313	花岗岩	(1, 0, 1)
3	G16	33.176	56.357	2.816	0.081	4132.668	花岗岩	(1, 0, 1)
4	G16	33.419	57.893	2.861	0.086	4164.223	花岗岩	(1, 0, 1)
5	JL5	19.723	59.846	2.578	22.654	188.115	玄武岩	(0, 1, 0)
6	JL5	19.764	58.98	2.565	20.147	181.446	玄武岩	(0, 1, 0)
7	589	48.302	77.735	2.661	19.015	20.028	安山岩	(0, 0, 1)
8	589	49.751	78.412	2.717	18.328	21.087	安山岩	(0, 0, 1)
9	561	51.368	75.729	2.354	0.315	20.585	凝灰岩	(1, 1, 0)
10	561	52.597	75.905	2.353	0.313	17.583	凝灰岩	(1, 1, 0)
11	G16	49.876	75.715	2.357	0.324	19.602	凝灰岩	(1, 1, 0)
12	G16	45.897	77.368	2.361	0.319	18.259	凝灰岩	(1, 1, 0)
13	H019	26.325	53.796	2.764	16.036	70.697	火山角砾岩	(1, 0, 0)
14	H019	28.569	53.835	2.776	15.974	69.542	火山角砾岩	(1, 0, 0)
15	G148	48.747	77.698	2.697	17.875	24.697	安山岩	(0, 0, 1)
16	G148	49.687	77.654	2.756	18.697	21.397	安山岩	(0, 0, 1)
17	597	48.963	78.492	2.843	17.262	22.793	安山岩	(0, 0, 1)
18	597	49.136	77.984	2.754	18.987	25.745	安山岩	(0, 0, 1)
19	597	45.376	76.364	2.347	0.318	17.249	凝灰岩	(1, 1, 0)
20	597	46.987	75.213	2.365	0.317	16.874	凝灰岩	(1, 1, 0)
21	597	31.324	53.891	2.769	15.338	71.419	火山角砾岩	(1, 0, 0)
22	597	28.625	53.972	2.774	16.166	69.755	火山角砾岩	(1, 0, 0)
23	589	19.124	58.346	2.548	19.632	168.135	玄武岩	(0, 1, 0)
24	589	19.437	60.827	2.683	21.854	178.113	玄武岩	(0, 1, 0)
25	589	27.321	53.923	2.773	16.375	70.416	火山角砾岩	(1, 0, 0)
26	589	30.624	53.894	2.762	15.438	68.439	火山角砾岩	(1, 0, 0)
27	589	45.983	78.113	2.357	0.312	19.814	凝灰岩	(1, 1, 0)
28	589	51.957	76.257	2.352	0.323	18.972	凝灰岩	(1, 1, 0)
29	K007	49.256	77.684	2.734	19.187	21.745	安山岩	(0, 0, 1)
30	K007	48.126	76.982	2.753	18.962	24.215	安山岩	(0, 0, 1)
31	H56A	49.687	77.621	2.636	16.197	23.317	安山岩	(0, 0, 1)
32	H56A	48.662	78.354	2.806	17.623	25.295	安山岩	(0, 0, 1)
33	H56A	47.393	77.734	2.346	0.317	17.342	凝灰岩	(1, 1, 0)
34	H56A	49.571	74.163	2.351	0.319	19.142	凝灰岩	(1, 1, 0)
35	H56A	45.326	76.323	2.349	0.321	16.847	凝灰岩	(1, 1, 0)

续表

序号	井号	GR/API	AC/(μs·ft⁻¹)	DEN /(g·cm⁻³)	CNL /(p·u)	RT /(Ω·m)	岩性	期望输出
36	H56A	25.524	53.869	2.769	15.247	70.584	火山角砾岩	(1, 0, 0)
37	H56A	28.368	53.874	2.773	15.356	69.428	火山角砾岩	(1, 0, 0)
38	598	49.187	77.621	2.618	16.192	24.321	安山岩	(0, 0, 1)
39	H56A	31.234	53.921	2.763	16.074	72.319	火山角砾岩	(1, 0, 0)
40	598	48.932	78.354	2.834	17.669	23.698	安山岩	(0, 0, 1)
41	598	47.391	77.872	2.349	0.318	18.336	凝灰岩	(1, 1, 0)
42	598	49.535	74.264	2.343	0.312	19.357	凝灰岩	(1, 1, 0)
43	598	28.895	53.153	2.769	15.843	69.951	火山角砾岩	(1, 0, 0)
44	598	31.498	53.958	2.754	16.016	71.753	火山角砾岩	(1, 0, 0)
45	561	51.373	75.683	2.352	0.316	20.352	凝灰岩	(1, 1, 0)
46	561	50.521	74.162	2.353	0.314	19.159	凝灰岩	(1, 1, 0)
47	JL6	49.102	77.258	2.702	19.324	21.397	安山岩	(0, 0, 1)
48	JL6	48.621	76.541	2.766	18.736	24.844	安山岩	(0, 0, 1)
49	JL6	19.124	58.346	2.548	19.632	168.135	玄武岩	(0, 1, 0)
50	JL6	19.437	60.827	2.683	21.854	178.113	玄武岩	(0, 1, 0)
51	JL6	28.789	53.855	2.773	15.573	69.754	火山角砾岩	(1, 0, 0)
52	JL6	31.445	53.975	2.758	16.785	71.757	火山角砾岩	(1, 0, 0)
53	JL6	47.361	77.875	2.327	0.319	18.381	凝灰岩	(1, 1, 0)
54	JL6	49.598	74.164	2.332	0.321	19.687	凝灰岩	(1, 1, 0)
55	JL10	28.789	53.855	2.773	15.573	69.754	火山角砾岩	(1, 0, 0)
56	JL10	28.789	53.855	2.773	15.573	69.754	火山角砾岩	(1, 0, 0)
57	JL10	19.124	58.346	2.548	19.632	168.135	玄武岩	(0, 1, 0)
58	JL10	19.437	60.827	2.683	21.854	178.113	玄武岩	(0, 1, 0)
59	K021	48.231	77.214	2.343	0.323	18.684	凝灰岩	(1, 1, 0)
60	K021	49.576	75.021	2.302	0.321	19.527	凝灰岩	(1, 1, 0)
61	G26	32.362	53.17	2.638	0.026	4182.132	花岗岩	(1, 0, 1)
62	G26	32.735	55.52	2.242	0.034	4121.412	花岗岩	(1, 0, 1)
63	G26	48.226	77.616	2.732	19.387	21.735	安山岩	(0, 0, 1)
64	G26	47.392	76.476	2.721	18.354	22.248	安山岩	(0, 0, 1)
65	H019	52.697	75.6	2.351	0.314	20.594	凝灰岩	(1, 1, 0)
66	H019	50.487	75.959	2.352	0.316	20.583	凝灰岩	(1, 1, 0)
67	K021	24.198	53.937	2.78	16.291	72.462	火山角砾岩	(1, 0, 0)
68	K021	25.888	53.97	2.774	15.726	76.558	火山角砾岩	(1, 0, 0)

本书设计的遗传 BP 神经网络输入层设 5 个节点神经元，隐含层设 4 个节点神经元，输

出层设 3 个节点神经元。样本训练初始参数设置为：步长 (d) 为 0.8；动量参数 (a) 为 0.15，极限误差值为 0.01。参照岩心 (薄片) 命名结果，设计训练样本的 5 个期望输出值为：火山角砾岩 (1, 0, 0)，安山岩 (0, 0, 1)，凝灰岩 (1, 1, 0)，玄武岩 (0, 1, 0)，花岗岩 (1, 0, 1)。利用构建的遗传 BP 神经网络，对选取的 68 个学习样本进行训练，建立测井参数与岩性之间的映射关系。

根据样本训练模型建立起的火山岩岩性识别模式，选取样本之外的岩心资料、测井资料丰富的 G10 井、K021 井等的测井参数作为识别样本，对其岩性识别效果进行检验 (表 3-8)，将神经网络识别的结果和实际结果进行比较，除极少量样品有误差外，绝大部分待判样本的识别结果与实际是一致的，其岩性有效识别率高达 90%，岩性识别效果明显优于常用的交会图法。因此，在火山岩岩性识别过程中，当岩心、薄片资料丰富、测井系列齐全时，在岩心归位的基础上，利用基于岩心 (薄片) 标定常规测井参数的遗传 BP 神经网络识别火山岩岩性，其岩性识别符合率高，该方法在解决火山岩岩性识别中效果优于通用的交会图法，为复杂火山岩岩性识别和岩相解释提出新的思路。

表 3-8   遗传 BP 神经网络模型识别结果

序号	井号	GR /API	AC /(μs·ft⁻¹)	DEN /(g·cm⁻³)	CNL /(p.u)	RT /(Ω·m)	目标输出	目标识别	薄片鉴定
1	JL5	32.621	52.47	2.458	0.061	4082.137	(1, 0, 1)	花岗岩	花岗岩
2	G16	33.176	56.357	2.816	0.081	4132.668	(1, 0, 1)	花岗岩	花岗岩
3	G10	49.101	78.508	2.722	17.852	24.0154	(0, 0, 1)	安山岩	安山岩
4	G26	26.993	54.392	2.604	0.069	6042.892	(1, 0, 1)	花岗岩	花岗岩
5	G26	23.943	47.187	2.702	0.078	5819.502	(1, 0, 1)	花岗岩	花岗岩
6	JL5	18.651	58.846	2.514	21.613	186.115	(0, 1, 0)	玄武岩	玄武岩
7	597	46.388	77.381	2.361	0.319	18.408	(1, 1, 0)	凝灰岩	安山岩
8	589	48.302	77.435	2.619	19.355	20.021	(0, 0, 1)	安山岩	安山岩
9	561	51.374	76.825	2.384	0.355	20.485	(1, 1, 0)	凝灰岩	凝灰岩
10	G16	49.876	75.734	2.358	0.323	19.412	(1, 1, 0)	凝灰岩	凝灰岩
11	589	45.983	78.267	2.347	0.322	19.314	(1, 1, 0)	凝灰岩	凝灰质火山角砾岩
12	G26	26.325	53.796	2.764	16.036	70.697	(1, 0, 0)	火山角砾岩	火山角砾岩
13	G26	32.735	55.52	2.242	0.034	4121.412	(1, 0, 1)	花岗岩	花岗岩
14	561	51.373	75.683	2.352	0.316	20.352	(1, 1, 0)	凝灰岩	含火山角砾凝灰岩
15	K021	24.198	53.937	2.78	16.291	72.462	(1, 0, 0)	火山角砾岩	火山角砾岩
16	JL6	49.598	74.164	2.332	0.321	19.687	(1, 1, 0)	凝灰岩	凝灰岩
17	H56A	49.687	77.621	2.636	16.197	23.317	(0, 0, 1)	安山岩	凝灰岩
18	589	30.624	53.894	2.762	15.438	68.439	(1, 0, 0)	火山角砾岩	火山角砾岩

续表

序号	井号	GR /API	AC /(μs·ft⁻¹)	DEN /(g·cm⁻³)	CNL /(p·u)	RT /(Ω·m)	目标输出	目标识别	薄片鉴定
19	K007	48.126	76.982	2.753	18.962	24.215	(0, 0, 1)	安山岩	安山岩
20	597	48.963	78.492	2.843	17.262	22.793	(0, 0, 1)	安山岩	安山岩
21	G16	49.876	75.715	2.357	0.324	19.602	(1, 1, 0)	凝灰岩	凝灰岩
22	G16	33.176	56.357	2.816	0.081	4132.668	(1, 0, 1)	花岗岩	花岗岩
23	K021	49.576	75.021	2.302	0.321	19.527	(1, 1, 0)	凝灰岩	凝灰岩
24	JL6	31.445	53.975	2.758	16.785	71.757	(1, 0, 0)	火山角砾岩	火山角砾岩
25	H56A	49.571	74.163	2.351	0.319	19.142	(1, 1, 0)	凝灰岩	凝灰岩
26	H56A	47.393	77.734	2.346	0.317	17.342	(1, 1, 0)	凝灰岩	凝灰岩
27	598	48.932	78.354	2.834	17.669	23.698	(0, 0, 1)	安山岩	玄武质安山岩
28	598	47.391	77.872	2.349	0.318	18.336	(1, 1, 0)	凝灰岩	凝灰岩
29	598	28.895	53.153	2.769	15.843	69.951	(1, 0, 0)	火山角砾岩	火山角砾岩
30	K021	25.888	53.97	2.774	15.726	76.558	(1, 0, 0)	火山角砾岩	火山角砾岩
31	597	49.136	77.984	2.754	18.987	25.745	(0, 0, 1)	安山岩	安山岩
32	597	45.376	76.364	2.347	0.318	17.249	(1, 1, 0)	凝灰岩	凝灰岩
33	597	31.324	53.891	2.769	15.338	71.419	(1, 0, 0)	火山角砾岩	火山角砾岩
34	JL10	19.124	58.346	2.548	19.632	168.135	(0, 1, 0)	玄武岩	玄武岩
35	589	19.187	60.723	2.585	21.31	184.037	(0, 1, 0)	玄武岩	玄武岩
36	589	19.726	58.781	2.553	18.851	165.647	(0, 1, 0)	玄武岩	玄武岩
37	JL6	49.101	78.508	2.722	17.852	24.0154	(0, 0, 1)	安山岩	安山岩
38	JL10	32.133	53.861	2.766	15.144	68.776	(1, 0, 0)	火山角砾岩	火山角砾岩
39	JL101	30.739	53.64	2.76	15.109	52.559	(1, 0, 0)	火山角砾岩	含火山角砾凝灰岩

第四章 中拐凸起石炭系火山岩岩相特征与综合解释

火山岩岩相是指火山活动环境（包括喷发时地貌特征、沉积时有无水体、距火山口远近、岩浆性质等）及与该环境下所形成的特定火山岩岩石类型的总和，包括火山作用产物在空间上的产出方式、分布格局以及这些产物的结构、构造等特征。火山岩岩相不仅可以揭示火山岩时空展布规律和不同岩性组合之间的成因联系，而且控制着火山岩孔隙和裂缝类型、发育程度及组合形式，影响后期成岩作用的类型与强度，决定有利相带的分布范围，对指导储层展布及成因研究具有十分重要的意义。

第一节 火山岩岩相类型及特征

一、火山岩岩相分类

目前，国内外对火山岩岩相的划分很不统一。有的根据火山岩形成时代所产生的岩石特点分为古相火山岩及新相火山岩；有的根据火山岩喷发时所处的环境分为陆相火山岩及海相火山岩；有的根据火山喷发物距火山口的远近分为远火山口相及近火山口相和介于二者之间的中间带；有的根据火山喷发物的不同部位分为顶板相、底板相、内部相、前额相等。而这些岩相又受到古地质构造和古地理环境的影响，这样就使不同地区、层段的相带具有不同的岩相组合，搞清这些岩相及其岩相组合，对于火山岩储集层的形成和发育，具有重要意义。

从实际应用情况看，目前比较公认的岩相划分方案是按火山活动产物的产出形态及岩石特征来划分，它可以全面反映火山作用在特定地质条件下所形成的地质体，概括了火山岩的基本组成部分，不仅包括喷出的各种火山岩，也包括火山颈、次火山、火山沉积岩等与火山活动有关的岩石。这种划分方案为全面地反映火山作用的产物特征、发展阶段、岩浆演化、形成条件及与矿产的关系等提供了系统、深入的数据。

在这种划分方案基础上，邱家骧等（1996）结合对我国陆相火山岩研究的具体工作和实践，认为火山岩岩相划分必须考虑以下几个方面：

（1）火山喷发基本方式——喷发、喷溢、侵出；

（2）火山喷发环境——陆上、水下；

（3）火山产物堆积环境——陆上、水下；

（4）火山产物搬运、堆积机理——空落、火山碎屑流、火山涌流、火山泥流；

（5）火山岩在地表以下一定深度侵位机制——次火山、次爆发角砾岩；

（6）在火山机构中的特定位置——火山颈相、火山口相、近火山口相、远火山口相。

在上述原则基础上，本章提出以下适用于我国的陆相火山岩岩相，主要包括喷溢相、空落堆积相、火山碎屑流相、涌流相、火山泥流相、近源火山爆发崩塌相、侵入相、火山口（火山颈相）、次火山岩相、次爆发角砾岩相、火山喷发沉积相等 11 个岩相。每类岩相又可划分出更多的次一级亚相。

　　以上火山岩岩相划分方案基本上概括了我国陆相各种火山作用中形成的火山岩岩相，但对于火山作用而言，不同火山作用形成的产物具有不同的特点，因此出现的火山岩岩相类型也不尽相同，同时由于工作的要求和目的不同，对火山岩岩相的划分亦不相同。

　　本书在充分吸收前人研究成果的基础上，结合准噶尔西北缘火山岩的地质特点，将准噶尔西北缘石炭系火山岩岩相划分为爆发相、溢流相、侵出相、火山通道相和火山沉积相5种相类型，共计13种亚相（表4-1）。

表4-1　准噶尔盆地西北缘火山岩相类型划分

相	亚相	主要岩石类型	产状、形态
火山通道相 I	火山颈亚相 I_1	熔岩、凝灰熔岩、熔结凝灰岩或角砾岩	圆形、裂隙形火山口；岩颈（单一、复合、喇叭形、筒状）
	次火山岩亚相 I_2	熔岩、熔结角砾岩、中酸性玢岩和斑岩	岩株、岩盘、岩盖、岩盆、岩脉、岩墙
	隐爆角砾岩亚相 I_3	熔结角砾岩	圆形、喇叭形和箕状
爆发相 II	空落亚相 II_1	集块岩、火山角砾岩、凝灰岩	坠落火山碎屑沉积、炽热气石流堆积、浮石流、火山灰流、熔渣流堆积
	热基浪亚相 II_2	晶屑凝灰岩、玻屑凝灰岩	
	热碎屑流亚相 II_3	熔结火山碎屑岩（熔结凝灰岩、熔结角砾岩）	
喷溢相 III	下部亚相 III_1	辉绿岩、玄武岩、安山岩、英安岩、流纹岩	绳状岩流、块状岩流、自碎角砾岩流、枕状岩流、泡沫熔岩流
	中部亚相 III_2		
	上部亚相 III_3		
侵出相 IV	内带亚相 IV_1	橄榄岩、辉长岩、闪长岩、花岗岩、正长岩	岩针、岩钟、岩塞等
	中带亚相 IV_2		
	外带亚相 IV_3		
火山沉积相 V	含外碎屑火山沉积 V_1	火山碎屑沉积岩（凝灰质砾岩、砂泥岩等）	层状、似层状、透镜状，陆相和海相喷发沉积

　　不同火山岩岩相和亚相的成因机制、成岩方式、岩石类型、结构构造、相序相律和储层空间特征如表4-2所示。

表4-2　研究区火山岩相分类、亚相特征和识别标志

相	亚相	成因机制	成岩方式	岩石类型	特征结构	特征构造	相序相律	储层空间
火山通道相 I	火山颈亚相 I_1	熔浆流动停滞并充填在火山通道，火山口塌陷充填物	熔浆冷凝固结，熔浆熔结火山碎屑物	熔岩、凝灰熔岩、熔结凝灰岩或角砾岩	斑状结构、熔结结构、角砾结构、凝灰结构	环状或放射状节理，岩性分带	直径数百米、产状近于直立、穿切其他岩层	环状和放射状裂隙
	次火山岩亚相 I_2	同期或晚期的潜侵入作用	熔浆冷凝结晶成岩	熔岩、熔结角砾岩、中酸性玢岩和斑岩	斑状结构、不等粒全晶质结构	冷凝边构造、流面、流线、柱状、板状节理，捕房体	火山机构下部几百至1500m，与其他岩相和围岩呈交切状	柱状和板状节理的缝隙，接触带的裂隙

续表

相	亚相	成因机制	成岩方式	岩石类型	特征结构	特征构造	相序相律	储层空间
火山通道相 I	隐爆角砾岩亚相 I_3	富含挥发份岩浆入侵破碎岩石带产生地下爆破作用	与角砾成分相同或不同的岩汁（热液矿物）或细碎屑胶结成岩	熔结角砾岩	隐爆角砾结构、自碎斑状结构、碎裂结构	筒状、层状、脉状、枝叉状、裂缝充填状	火山口附近或次火山岩顶部或穿入围岩	原生显微裂隙，但多被后期岩汁再充填
爆发相 II	空落亚相 II_1	气射作用的固态和塑性喷出物作自由落体运动	固态火山碎屑和塑性喷出物降落到地表，经压实作用而成岩	集块岩、火山角砾岩、凝灰岩	集块结构、角砾结构、凝灰结构	颗粒支撑，正粒序层理，弹道状坠石	多在爆发相下部，向上变细变薄，也可呈夹层	晶粒间孔隙和角砾间孔缝为主
	热基浪亚相 II_2	气射作用的气-固-液态多相涌流体系在重力作用下近地表呈悬移质搬运	以压实作用为主	晶屑凝灰岩、玻屑凝灰岩	火山碎屑结构（以晶屑凝灰结构为主）	平行层理、交错层理、逆行沙波层理	爆发相中下部或与空落相互层，低凹处厚，向上变细变薄	有熔岩围限且后期压实影响小则为好储层（岩体内松散层）
	热碎屑流亚相 II_3	含挥发分的灼热碎屑-浆屑混合物在后续喷出物推动和自身重力的共同作用下沿着地表流动	熔浆冷凝胶结和压实作用	熔结火山碎屑岩（熔结凝灰岩、熔结角砾岩）	熔结凝灰结构和火山碎屑结构	块状、正粒序、逆粒序，火山玻璃质定向，基质支撑	火山旋回早期多见，爆发相上部	颗粒间孔，同冷却单元上下松散中间致密，底部可能发育几十厘米松散层
喷溢相 III	下部亚相 III_1	含晶出物和同生角砾的熔浆在后续喷出物推动和自身重力的共同作用下沿着地表流动	在沿着地表流动过程中，熔浆逐渐冷凝、固结而成岩	辉绿岩、玄武岩、安山岩、英安岩、流纹岩	玻璃质、细晶结构、斑状结构、角砾结构	块状或断续的变形流纹构造	流动单元下部	板状和楔状节理、缝隙和构造裂缝
	中部亚相 III_2				细晶结构、斑状结构		流动单元中部	流纹理、层间缝隙
	上部亚相 III_3				球粒结构、细晶结构	气孔、杏仁、石泡流纹构造	流动单元上部	气孔、石泡腔、杏仁体内孔
侵出相 IV	内带亚相 IV_1	熔浆前缘冷凝、变形并铲刮和包裹新生和先期岩块，内力挤压流动，高黏度熔浆受到内力挤压流动，堆砌在火山口附近成岩穹	球状堆积物之间充填着较细的玻璃质，碎屑松散地胶结或堆砌，冷凝固结	橄榄岩、辉长岩、闪长岩、花岗岩、正长岩	少斑结构、碎斑结构	岩球、岩枕、穹状	侵出相岩穹的核心	岩球间空隙、穹内松散体
	中带亚相 IV_2		遇水淬火、逐渐冷凝固结在火山口附近堆砌而成岩		玻璃质结构和珍珠结构	块状、层状、透镜状和披覆状	侵出相岩穹的中部	原生显微裂隙、构造裂隙
	外带亚相 IV_3		熔浆冷凝熔结新生和先期岩块而成岩		熔结角砾和熔结凝灰结构	变形流纹构造	侵出相岩穹的外部	角砾间孔缝、显微裂隙
火山沉积相 V	含外碎屑火山沉积 V_1	以火山碎屑为主，可能有其他陆源碎屑物质加入	压实作用和胶结作用导致的沉积成岩	火山碎屑沉积岩（凝灰质砾岩、砂岩、泥岩等）	陆源碎屑岩的各种常见结构	韵律、水平、交错、粒序层理，块状构造	位于距离火山穹隆较近的沼泽地带，位于火山机构穹隆之间的低洼地带	碎屑岩的各种原生粒间孔和各种次生孔、缝
	再搬运火山沉积 V_2	火山碎屑物经过水流作用改造				交错、槽状、粒序层理，块状构造		

1. 火山通道相（Ⅰ）

火山通道是岩浆运移到地表的通道，其顶部出口的地方称火山口。火山通道相位于整个火山机构的中部，是火山岩浆从地下岩浆房向上运移到达地表过程中滞留和回填在火山通道中的火山岩类组合。火山通道相可以分为火山颈亚相、次火山岩亚相和隐爆角砾岩亚相。虽然火山通道相火山岩可形成于火山喷发旋回的整个过程，但保留下来的则主要是经过后期各种火山、构造活动改造的残留物，因此具体判断和识别存在一定难度。

1）火山颈亚相（Ⅰ₁）

随着火山大规模的岩浆喷发和内部能量的释放，造成岩浆内压力下降，后期的熔浆由于内压力减小不能喷出地表，在火山通道中冷凝固结形成岩颈，或者由于热沉陷作用，火山口附近的岩层下陷坍塌，破碎的坍塌物被持续溢出冷凝的熔浆胶结而形成火山岩颈相。火山颈亚相通常直径为100余米至1000余米，产状近于直立，呈柱状或喇叭形，与围岩呈非整合关系，通常穿切其他岩层，多发育在深断裂带附近，可由一种或多种岩性组成，其代表岩性为熔岩、角砾熔岩、凝灰熔岩，熔结角砾岩、熔结凝灰岩，岩石具斑状结构、熔结结构、角砾结构或凝灰结构，具环状或放射状节理。火山颈亚相的鉴定特征是不同岩性、不同结构、不同颜色的火山岩与火山角砾岩相混杂，其间的界限往往是清楚的。

2）次火山岩亚相（Ⅰ₂）

在火山活动的中后期，随着喷发压力的降低，部分熔岩并没有达到地表，它们可能停留在地下较浅处，或沿层间空隙充填、侵入到围岩中，便形成次火山岩亚相。次火山岩亚相多位于火山机构下部几百米到1500余米，与其他岩相和围岩呈指状交切或呈岩株、岩墙及岩脉形式嵌入。次火山岩亚相的代表岩性为玢岩和斑岩等次火山岩，具斑状结构至全晶质不等粒结构，冷凝边构造、流面、流线构造，柱状、板状节理。该相火山岩的结晶程度高于所有其他火山岩亚相，并且由于在岩浆活动的后期所发生的流体活动使得其斑晶常具有熔蚀现象。

3）隐爆角砾岩亚相（Ⅰ₃）

形成于岩浆地下隐伏爆发条件下，是由富含挥发成分的岩浆入侵到岩石破碎带时由于压力得到一定释放又释放不完全而产生地下爆发作用形成的。隐爆角砾岩亚相位于火山口附近或次火山岩体顶部，经常穿入其他岩相或围岩。其代表岩性为隐爆角砾岩，具隐爆角砾结构、自碎斑结构和碎裂结构，呈筒状、层状、脉状、枝叉状和裂缝充填状。角砾间的胶结物质是与角砾成分及颜色相同或不同的岩汁（热液矿物）或细碎屑物质。其主要特征为角砾岩由"原地角砾岩"组成，即不规则裂缝将岩石切割成"角砾状"，裂缝中充填有岩汁或细角砾岩浆，充填物岩性和颜色往往与主体岩性相似。

2. 爆发相（Ⅱ）

由火山强烈爆发形成的火山碎屑在地表堆积而成。爆发相的岩性复杂，基性、中性、酸性的都有，主要为集块岩、火山角砾岩、凝灰岩等火山碎屑岩和熔结凝灰岩。该相可分为3个亚相：空落亚相、热基浪亚相、热碎屑流亚相。

1）空落亚相（Ⅱ₁）

空落亚相是固态火山碎屑和塑性喷出物在火山气射作用下在空中作自由落体运动降落到地表，经压实作用而形成的。多形成于火山岩序列的下部，或呈夹层出现，向上粒度变细。空落亚相的主要岩性类型为含火山弹和浮岩块的集块岩、角砾岩、晶屑凝灰岩。其主要特征是具有层理的凝灰岩层被弹道状坠石扰动而形成"撞击构造"，岩石具有集块结构、角砾结构和凝灰结构，颗粒支撑，常见粒序层理。

2）热基浪亚相（II$_2$）

该相是火山气射作用的气-固-液态多相体系在重力作用下于近地表呈悬移质搬运、重力沉积、压实成岩作用的产物，主要形成于爆发相的中、下部，构成向上变细变薄序列，或与空落相互层。构成热基浪亚相的主要岩性为含晶屑、玻屑、浆屑的凝灰岩，以晶屑凝灰结构为主，具火山碎屑结构，发育平行层理、交错层理，特征构造是逆行沙波层理。

3）热碎屑流亚相（II$_3$）

该相火山岩是由含挥发分的炽热碎屑-浆屑混合物，在后续喷出物推动和自身重力的作用下沿地表流动，受熔浆冷凝胶结与压实共同作用固结而成，以熔浆冷凝胶结成岩为主，多见于爆发相上部。其岩性主要为含晶屑、玻屑、浆屑、岩屑的熔结凝灰岩，具熔结凝灰结构、火山碎屑结构，块状，基质支撑。原生气孔发育的浆屑凝灰熔岩是热碎屑流亚相的代表性岩石类型。

3. 喷溢相（III）

喷溢相形成于火山喷发旋回的中期，是含晶出物和同生角砾的熔浆在后续喷出物推动和自身重力的共同作用下，在沿着地表流动过程中，熔浆逐渐冷凝、固结而形成。喷溢相的岩石往往黏度较小，易于流动，因而形成绳状岩流、块状岩流、自碎角砾岩流、枕状岩流和复合岩流等。组成喷溢相的岩性多样，酸性、中性、基性火山岩中均可见到，尤以基性熔岩更发育。根据岩石在岩体中所处位置可分为下部亚相、中部亚相、上部亚相。

1）下部亚相（III$_1$）

喷溢相下部亚相岩石的原生孔隙不发育，但岩石脆性强，裂隙容易形成和保存，所以是各种火山岩亚相中构造裂缝最发育的。

2）中部亚相（III$_2$）

喷溢相中部是孔隙类型多样、孔隙分布较均匀的亚相，其中原生孔隙、流纹理层间缝隙和构造裂缝都较发育，该亚相往往与原生气孔极发育的喷溢相上部亚相互层，构成孔-缝"双孔介质"极发育的有利储集体。

3）上部亚相（III$_3$）

上部亚相是原生气孔最发育的相带，原生气孔占岩石体积百分比可高达25%～30%，原生气孔直径为 1～30mm，气孔之间连通性差。在研究区可见到的典型岩石为杏仁状玄武岩和杏仁状安山岩。

4. 侵出相（IV）

侵出相主要为黏度大的酸性和碱性岩浆，不易流动，主要靠机械力挤出地表，通常形成于火山喷发旋回的晚期。我国东部中生代酸性岩发育区的珍珠岩、黑曜岩和松脂岩类都属于侵出相火山岩。侵出相岩体外形以穹隆状为主，岩穹高几十米至数百米，直径几百米到数千米，可划分为内带亚相、中带亚相和外带亚相。

5. 火山沉积岩相（V）

火山沉积岩相是经常与火山岩共生的一种沉积岩相，可出现在火山活动的各个时期，但在火山作用平静期更为发育,它是火山作用和正常沉积作用掺和的产物,与其他火山岩相侧向相变或互层,分布范围远大于其他火山岩相。在火山喷发过程中,尤其在火山活动的间歇期,于火山岩隆起之间的凹陷带常可见到火山沉积相的火山碎屑岩。其岩性主要是含火山碎屑的沉积岩,碎屑成分主要为火山岩岩屑和凝灰质碎屑以及晶屑、玻屑。研究区的火山沉积相可分为两个亚相:含外碎屑火山碎屑沉积岩和再搬运火山碎屑沉积岩。

1)含外碎屑火山碎屑沉积岩(V_1)

其代表岩性是具有层理的、以火山碎屑为主(>50%)的沉积岩或火山凝灰岩中包裹有泥质岩等外来岩块的岩石。

2)再搬运火山碎屑沉积岩(V_2)

岩石由火山角砾岩和凝灰岩组成,层理构造发育,岩石序列中有明显的反映再搬运的沉积构造或相关特征(如粒序层理、平行层理、波状层理等)的沉火山角砾岩和沉凝灰岩。

二、火山岩岩相模式

相模式是对某一类或某一岩相组合的全面概括,是展现火山岩的岩相之间依存关系的概念化和简单化的直观模型。它是已知剖面、钻井的相序研究成果的概括总结,同时它对于新的剖面、钻井的岩相观察和预测又应当具有指导作用。因此,一个好的相模式能够直观反映火山岩相和亚相之间的叠置关系,也是地震-岩相解释、储层表征、储层预测的地质基础。

火山岩岩相的划分是基于对现代火山机构的研究,主要是依据火山作用方式或喷发、搬运方式进行分类的。火山喷发方式与火山岩岩相模式有着密切的关系,一般来说,火山喷发方式包括中心式、裂隙式以及混合式喷发三类模式。

1. 中心式喷发

中心式喷发是岩浆沿颈状管道的一种喷发,喷发通道在平面上呈点状,又称点式喷发。其特点是火山口明显,形成火山锥,喷发能量强。火山内部在地震剖面中呈杂乱丘状结构的特点,通常伴随大量火山碎屑物质的出现。

2. 裂隙式喷发

裂隙式喷发是岩浆沿一个方向的大断裂(裂隙)或断裂群上升,喷出地表。其特点是喷发能量弱,往往沿裂隙带呈串珠状展布,表现为无明显火山口、喷发能量弱、地震剖面上同相轴连续性好且为中强反射,岩浆沿裂隙流出后沿地面流动,常常形成面积很大的熔岩被,且熔岩的分布受断裂影响较大,火山碎屑物质产出量不大,分布范围受限。

3. 混合式喷发

混合式喷发主要兼有中心式喷发、裂隙式喷发的混合喷发形态。

根据准噶尔西北缘的火山喷发方式特点,综合区域地质背景研究发现,该区主控断裂主要为近 SN 向红车断裂和 NE 向克—乌断裂,这两个主控断裂形成时间早,断层断距及延伸长度大。研究区火山岩体主要沿此主控断裂分布,主要以喷溢相和爆发相为主,地震剖面上同相轴连续性好,中强反射,为典型的裂隙式喷发;此外,在 JL5-G26 井一带发育大量花岗岩,花岗岩外围喷溢相安山岩发育广泛,在地震剖面上孤立丘状外形明显,内部杂乱反射,为中心式喷发。因此本区火山喷发模式主要以裂隙式喷发为主,局部兼有中心式喷发的特征(图 4-1)。

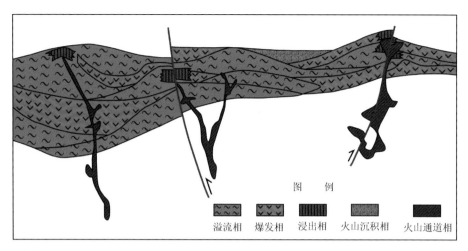

图 4-1　中拐凸起石炭系火山岩岩相模式图

火山活动与构造演化的多期性导致石炭系内部各期次的岩性和岩相的旋回性不同,表现为每一次岩浆活动由弱变强或由强变弱的趋势,形成了不同的岩相组合模式。平面上,根据各期次的结构和形态特征,主要有以下几种组合模式:①喷溢相→爆发相→喷溢相;②侵出相→爆发相→喷溢相→火山沉积相;③爆发相→喷溢相;④喷溢相→火山沉积相。垂向上,各相带的接触关系为:下部以爆发相为主,上部为溢流相的相互叠置组合。

第二节　火山岩单井相划分与解释

一、单井相划分的依据

单井相作为开展火山岩相研究的主要手段,同时也是剖面相和优势平面相分析的基础。单井相分析的主要依据包括两方面。

(1)岩性。岩性的识别主要依据基于岩心标定测井参数的遗传 BP 神经网络方法来确定,一般来说,火山岩岩性与岩相的对应关系较强,比如火山角砾岩一般对应火山爆发相等,玄武岩、安山岩等一般对应喷溢相,因此遗传 BP 神经网络识别出的岩性与火山岩岩相有较强的对应性。

(2)相序。以火山相模式为指导,在平面上紧邻的火山相,在纵向上具有规律性的叠置组合。如"喷溢相+火山沉积相"、"爆发相+喷溢相"等岩相之间的组合。此外,邻井对应段岩性组合及厚度的变化也是相序分析的主要考虑因素。

二、单井相划分与解释

依据单井相划分的依据,结合岩心、薄片、常规及成像测井资料,本章对石炭系重点井开展了火山相划分与解释。

1. 589 井

589 井位于中拐凸起北部的五八区中部,缺失二叠系佳木河组地层,在 1968.5～2353m

钻遇石炭系火山岩，钻遇地层厚度为 384.5m（图 4-2）。

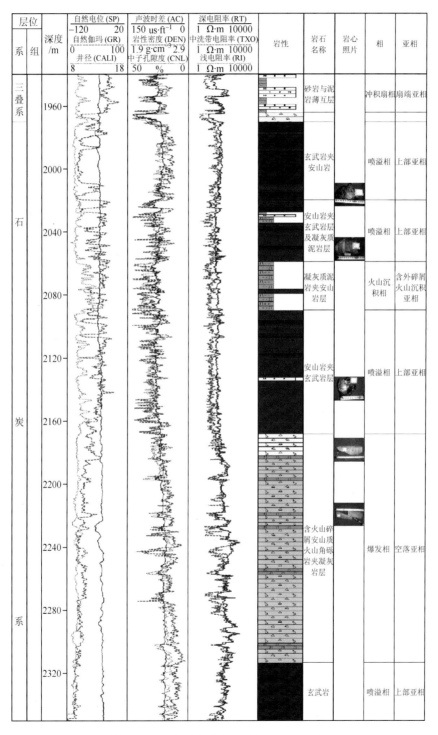

图 4-2　589 井石炭系岩相划分（1∶1000）

（1）1968.5～2018m，岩性主要为玄武岩夹安山岩，为喷溢相；

（2）2018～2058m，岩性主要为安山岩，夹玄武岩及凝灰质砂岩，主要为喷溢相；

（3）2058～2090m，岩性主要为凝灰质泥岩，夹安山岩，为火山沉积相；

（4）2090～2170m，岩性主要为安山岩，夹玄武岩以及凝灰质砂岩，主要为喷溢相；

（5）2170～2314m，岩性主要为火山角砾岩，夹凝灰岩，为爆发相；

（6）2314～2353m，岩性主要为玄武岩，为喷溢相。

2. H56A 井

H56A 井位于中拐凸起西部，缺失二叠系佳木河组地层，在 2013.5～2398.6m 钻遇石炭系火山岩，钻遇地层厚度为 385m（图 4-3）。

（1）2032～2060m 岩性主要为安山岩，为喷溢相；

（2）2060～2224m 岩性主要为火山角砾岩，夹安山岩、凝灰岩，为爆发相；

（3）2224～2240m 为安山岩，为喷溢相；

（4）2250～2264m 为凝灰岩，为爆发相；

（5）2264～2276m 为安山岩，为喷溢相；

（6）2276～2294m 岩性主要为凝灰岩，为爆发相；

（7）2294～2810m 岩性主要为玄武质安山岩，为喷溢相；

（8）2810～2398.6m 为凝灰岩，夹安山岩，为爆发相。

3. 598 井

598 井位于中拐凸起五八区南部，缺失二叠系佳木河组地层，在 3320～3520m 钻遇石炭系火山岩，钻遇地层厚度为 200m（图 4-4）。

（1）3320～3342m 岩性为安山岩，为喷溢相；

（2）3342～3384m 岩性主要为凝灰岩，夹凝灰质砂岩层，为爆发相；

（3）3384～3414m 岩性主要为安山岩，夹凝灰岩，为喷溢相；

（4）3414～3425m 岩性主要为凝灰岩，为爆发相；

（5）3425～3457m 岩性主要为火山角砾岩，为爆发相；

（6）3457～3520m 岩性主要为凝灰岩，为爆发相。

4. JL5 井

JL5 井位于中拐凸起中部，在 2926～3944.34m 钻遇石炭系火山岩，钻遇地层厚度为 1018.34m，岩性主要为花岗岩，夹少量玄武岩，主要为侵出相（图 4-5）。

5. K021 井

K021 井位于位于中拐凸起南部，缺失二叠系佳木河组地层，在 2594～2808m 钻遇石炭系火山岩，钻遇地层厚度为 214m（图 4-6）。

（1）2594～2620m 岩性主要为凝灰质的火山角砾岩，为爆发相；

（2）2620～2646m 岩性主要为凝灰岩，为爆发相；

（3）2646～2650m 岩性主要为火山角砾岩，为爆发相；

（4）2650～2660m 岩性主要为凝灰岩，为爆发相；

（5）2660～2688m 岩性主要为火山角砾岩夹凝灰岩，为爆发相；

（6）2688～2706m 岩性主要为凝灰岩，为爆发相；

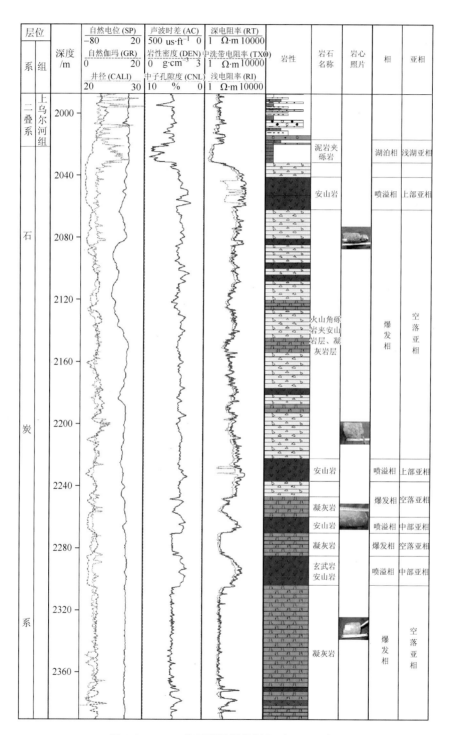

图 4-3　H56A 井石炭系岩相划分（1∶1000）

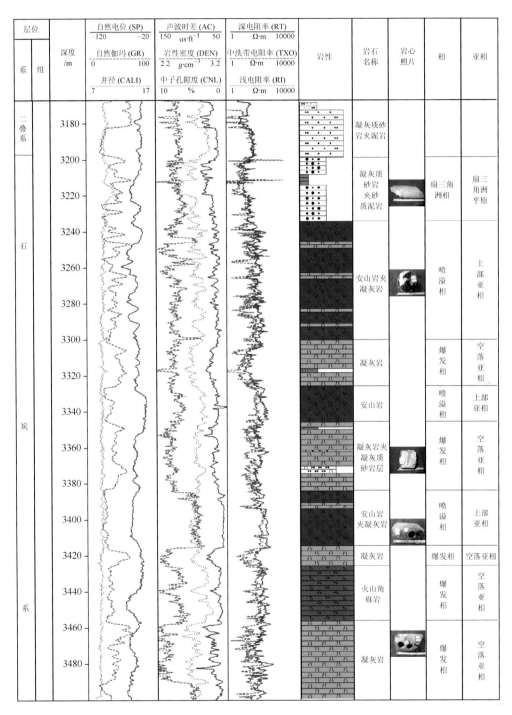

图 4-4　598 井石炭系岩相划分（1∶1000）

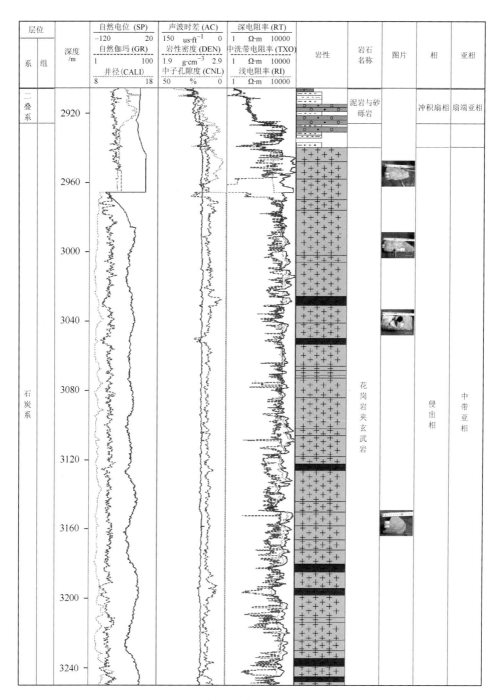

图 4-5　JL5 井石炭系岩相划分（1∶1000）

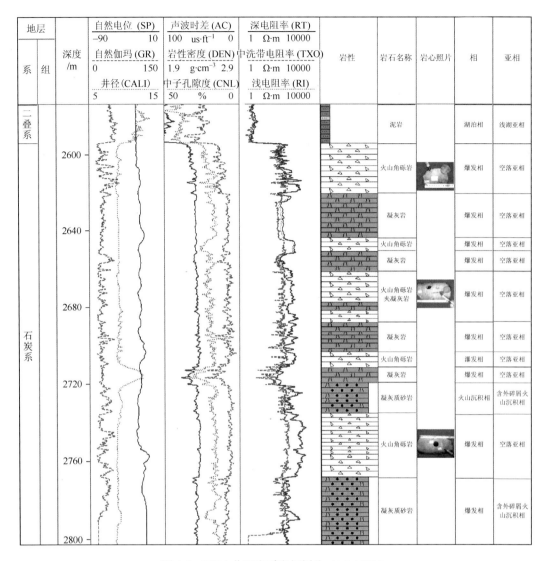

图 4-6　K021 井石炭系岩相划分（1∶1000）

（7）2706～2710m 岩性主要为火山角砾岩，为爆发相；

（8）2710～2720m 岩性主要为凝灰岩，为爆发相；

（9）2720～2736m 岩性主要为凝灰质砂岩，为火山沉积相；

（10）2736～2770m 岩性主要为火山角砾岩，为爆发相；

（11）2770～2808m 岩性主要为凝灰质砂岩，为火山沉积相。

6. JL6 井

JL6 井位于中拐凸起中部，缺失二叠系佳木河组地层，在 3506～3800m 钻遇石炭系火山岩，钻遇地层厚度为 294m（图 4-7）。

（1）3506～3720m：岩性主要以安山岩为主，局部夹玄武岩，为喷溢相；

（2）3720～3736m：岩性主要是凝灰岩，为爆发相；

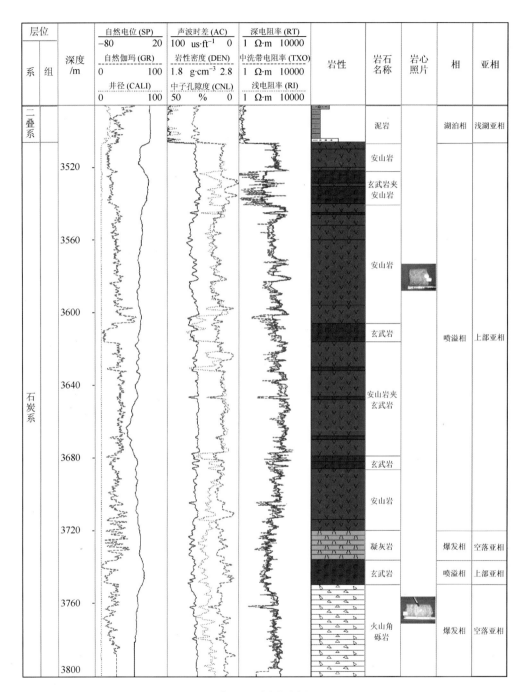

图 4-7　JL6 井石炭系岩相划分（1∶1000）

（3）3736～3750m：岩性主要是玄武岩，为喷溢相；

（4）3750～3800m：岩性主要是火山角砾岩，为爆发相。

第三节　火山岩岩相空间展布特征

火山岩岩相空间展布特征的研究是在火山喷发模式和火山岩岩相模式指导下,在单井相解释的基础上,研究火山岩岩相在剖面和平面上的分布规律。

一、剖面岩相分布特征

在火山喷发模式和火山岩岩相模式基础上,以单井相为基础,考虑断阶带构造特征、断层分布特点,建立连井剖面开展岩相分布特征。剖面上的岩相分布特征可以较为完整地理解不同岩性岩相在纵向上和横向上的变化关系,明确研究区火山岩建造特点及相序演变特点,同时对于火山机构分布和平面相展布特征提供研究基础。

根据单井相序特征及井位分布特征,建立两条穿越中拐凸起的火山岩相连井剖面,结合地震剖面特征,对火山岩相纵向分布特征进行研究。

H019 井—G16 井—JL5 井—JL10 井—JL6 井—G10 井剖面为由北西—南东向剖面,从地震解释剖面可以看出(图 4-8、图 4-9),H019 井在地震剖面上表现为中等连续性的反射特征,为爆发相区;JL5 井钻遇巨厚的花岗岩,在地震剖面上表现杂乱反射特征,为侵出相;JL10 井、JL6 井、G10 井、G16 在地震剖面上表现为弱—中等连续性的反射特征,为喷溢相区。结合地震剖面特征和单井岩相解释,对 H019 井—G16 井—JL5 井—JL10 井—JL6 井—G10 井连井剖面进行岩相解释(图 4-9),可以看出,西北方向 H019 井下部以火山角砾岩为主,上部发育安山岩,主要为爆发相,中部 JL5 井区发育大套花岗岩,为侵出相,东南方向 JL10 井岩相组合以爆发相与喷溢相组合为主,JL6 井以爆发相为主。该剖面岩相发育规律表现为火山岩相较为复杂,井与井之间厚度变化大,受喷发方式及断裂发育影响,岩相纵横向变化不连续、相变较快。总体上,由北西向南东方向优势岩相展布表现为爆发相—侵出相—喷溢相组合的规律。

589 井—597 井—K021 井—G26 井—JL10 井—G10 井连井剖面为由北—南连井剖面(图 4-10),岩相划分与对比表明,北部 589 井主要岩相为喷溢相与爆发相的组合,优势岩相为爆发相,597 井、K021 井主要为爆发相,到中部 G26 井区发育大套花岗岩,为侵出相,向南部 JL10 井岩相组合以爆发相与喷溢相组合为主。总体上来说,从北向南优势岩相展布特征为:北部以火山爆发相为主,喷溢相为辅;中部 G26 井以侵出相为主;南部以喷溢相为主,火山爆发相为辅的规律。

二、优势岩相分布

在单井相分析和连井剖面相分析的基础上,结合中拐凸起磁力异常数据,联合岩相地震反演、多种属性提取等手段,本章对中拐凸起石炭系火山岩优势岩相展布进行综合分析,明确石炭系火山岩优势岩性(岩相)平面分布规律。

由中拐凸起石炭系火山岩优势岩相平面分布图(图 4-11)可以看出,研究区主要以爆发相与喷溢相的组合为主,局部发育侵出相及火山沉积相,岩性以安山岩、凝灰岩及火山角砾岩为主，局部发育玄武岩及花岗岩。其中，安山岩主要发育于中拐凸起中部及东斜坡上，火山角砾岩主要分布在596井、K021井、H56A井—H019井、580井—591井、JL10井等井区一带，沿红车断裂带及克—乌断裂呈不连续条带状分布，凝灰岩主要分布于安山岩发育区外围中拐凸起的外围，呈环带状分布于安山岩周围；玄武岩主要分布于研究区北部553井—587井一带，花岗岩主要分布于JL5井—G26井之间，火山沉积相推测主要分布于中拐南斜坡上，目前尚无钻井钻至石炭系。

总体来看，中拐凸起喷溢相安山岩和爆发相火山岩角砾岩分布面积广，是储层发育的有利相带，其他相带物性相对较差，不是有利储集相带，特别是侵出相花岗岩岩性致密坚硬，物性较差，分布局限，难以形成有效储层。

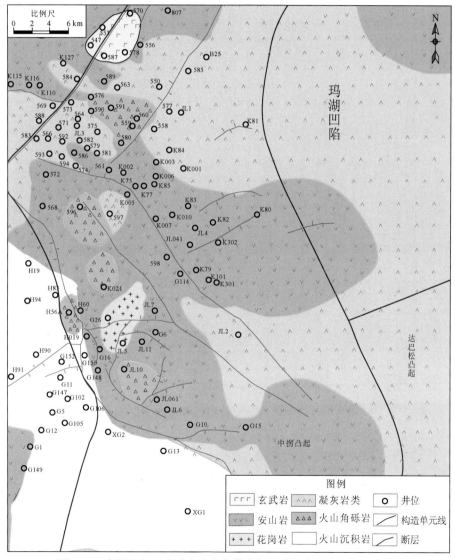

图4-11 中拐凸起石炭系火山岩优势岩相平面分布图（200m以内）

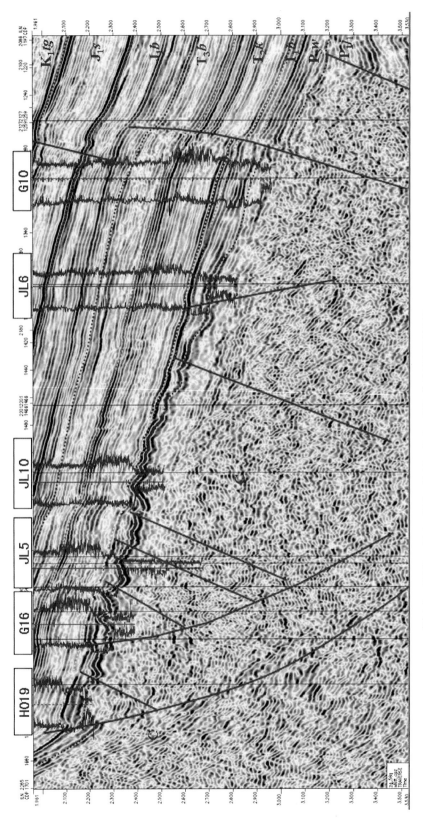

图 4-8　H019—G16—JL5—JL10—JL6—G10 井地震解释剖面

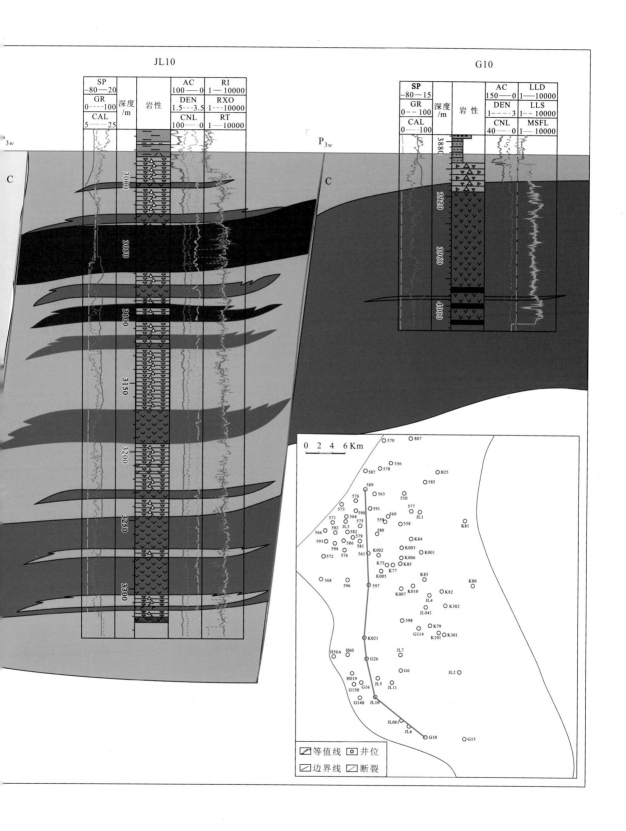

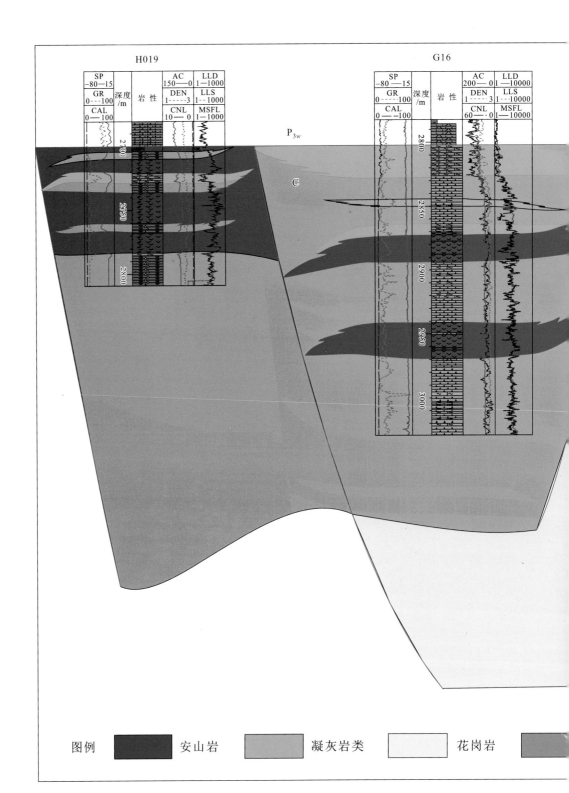

图例　　安山岩　　凝灰岩类　　花岗岩

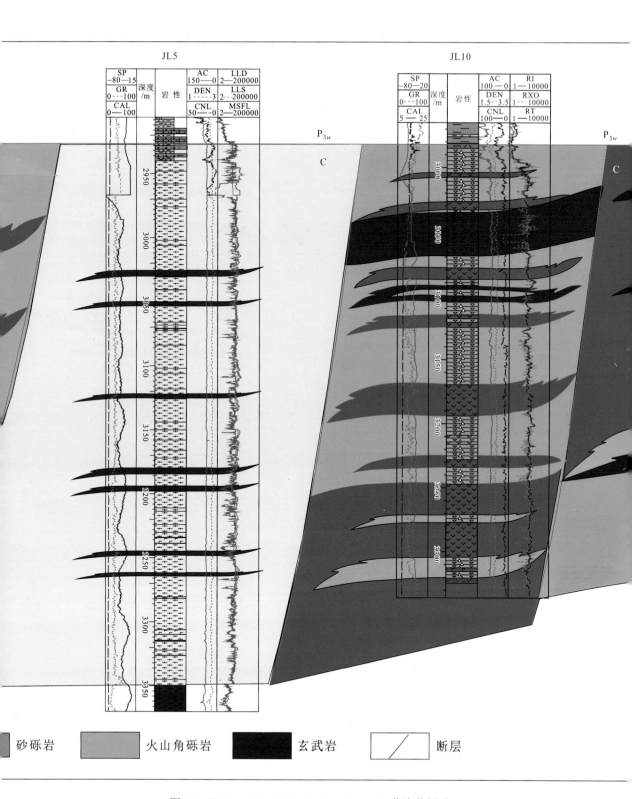

图4-9 H019—G16—JL5—JL10—JL6—G10井连井剖面

图例：
砂砾岩　　火山角砾岩　　玄武岩　　断层

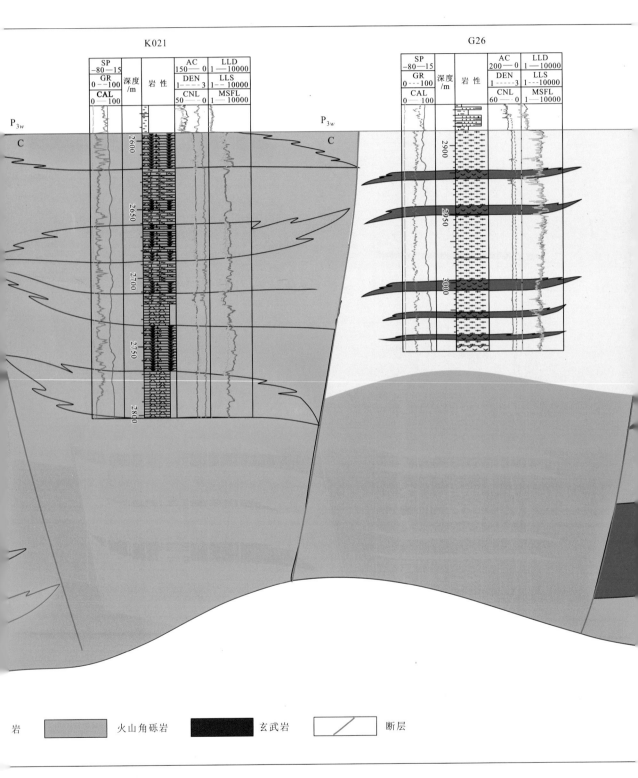

图4-10 589—597—K021—G26—JL10—G10井连井剖面

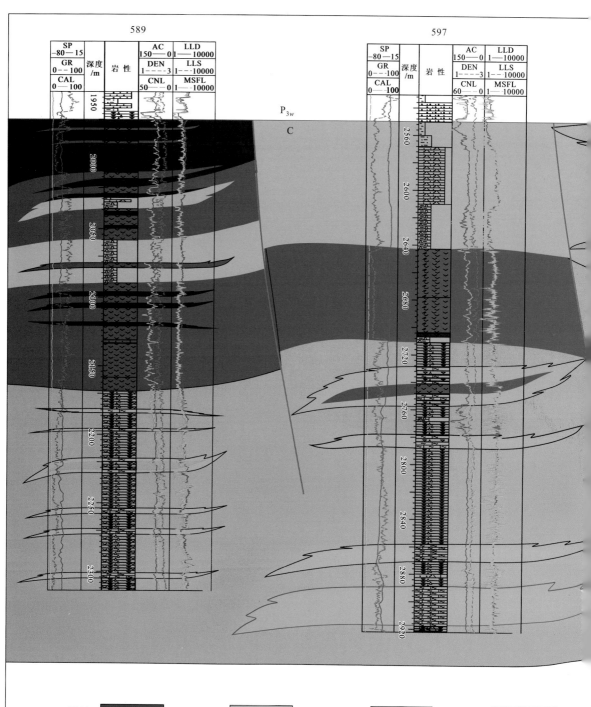

图例　　安山岩　　　凝灰岩类　　　花岗岩　　　砂砾

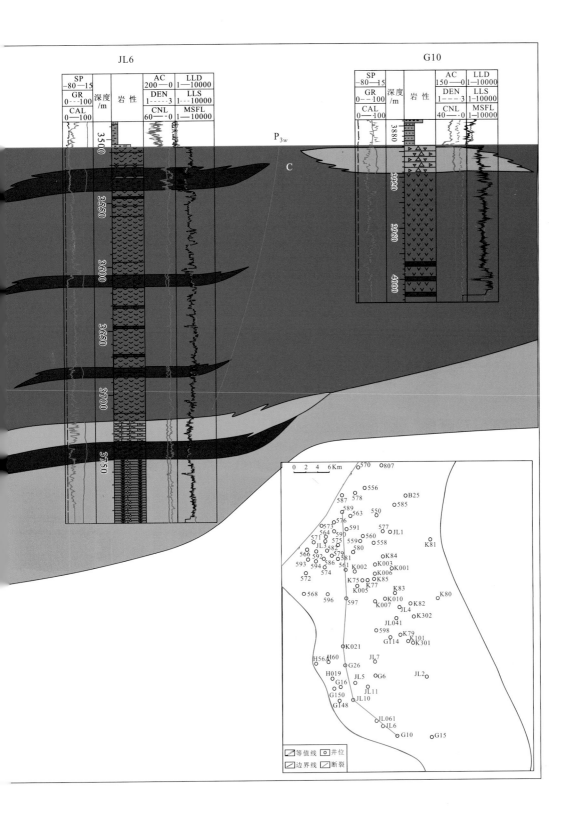

第五章 中拐凸起火山岩裂缝识别与预测

裂缝主要是指由于构造运动作用或者物理化学成岩作用，在岩石中形成的没有发生明显位移的面状不连续体。对于火山岩储层而言，裂缝的发育特征是评价储层性能的重要标准之一。裂缝的发育状况不仅控制了火山岩储层中的油气运移和富集，而且也是成岩作用及风化淋滤过程中促进溶蚀孔洞发育、提高储渗性能的主要因素。准确描述裂缝类型、发育特征，明确裂缝形成机制，预测裂缝的发育分布规律，不仅在勘探阶段对寻找有利的勘探目标及井位部署具有重要的参考价值，而且在开发阶段是井网部署、开发方案编制和调整的依据和关键。

第一节 火山岩储层岩心裂缝表征参数

裂缝表征是研究裂缝最基础和最重要的工作，它对于火山岩油气的勘探部署具有重要的指导作用。裂缝表征参数是裂缝表征的核心指标，最能够反映火山岩裂缝的统计特征和发育情况。

一、岩心裂缝表征的参数

就火山岩储层而言，可以说没有裂缝就不可能称为有效储层。火山岩岩心裂缝表征研究是裂缝预测及储层研究的基础。岩心裂缝观测和统计，是获得地下裂缝特征参数最直接、最主要和最可靠的方法。

岩心裂缝研究的核心目标是对岩心裂缝的发育特征进行表征，表征的参数主要是裂缝特征的各个方面，包括裂缝类型、长度、宽度、密度、产状、充填物、充填程度、期次、含油气性、贯穿性、交切关系和力学性质等。

1. 裂缝类型

不同学者按照自己的研究需要，把裂缝分为不同的类型。常见的裂缝分类方案包括根据地质成因、力学性质、产状、充填程度以及裂缝组合形态对裂缝进行分类。其中根据成因和根据力学性质对裂缝进行分类较为常用。

2. 力学性质

根据裂缝的几何形态特征，特别是缝面形态（磨光镜面、擦痕、粗糙程度）等特征，将研究区裂缝按力学性质分为剪切缝和张性缝。剪切缝是由剪应力产生的破裂面，其产状稳定，沿走向和倾向延伸远，剪切缝较平直光滑，有时因剪切滑动而留下擦痕，发育于砾岩和砂岩中的剪切缝，一般穿切砾石和砂粒等粒状颗粒。张性缝是由张应力产生的破裂面，其产状不稳定，延伸不远，单条张性缝短而曲折，张性缝缝面粗糙不平，无擦痕，在砾岩和砂岩中的张性缝，常常绕过砾石和砂粒等粒状物体，其破裂面也凹凸不平，常被矿脉充填，充填宽度变化大，充填物壁不平直。

3. 长度

裂缝长度是指裂缝在岩心上延伸的度量。由于岩心的局限性，只能测量裂缝在岩心上的延伸长度，对于裂缝在地下的真实延伸长度不得而知。长度的测量，可以通过皮尺等工具。

4. 宽度

宽度又叫裂缝张开度或开度，是指裂缝两壁之间的距离，单位为 mm；裂缝宽度是裂缝研究中一个非常重要的参数，同时也是难以准确获得的参数。因为在岩心上测量的裂缝宽度并不是裂缝在地下的真开度，而是大于地下真开度的视开度。造成这样的原因是由于岩石具有膨胀系数，岩心取出地表后，由于压力的降低，岩石膨胀，而且裂缝空间的膨胀要远大于岩石孔隙的膨胀，因此，在岩心上实测的裂缝宽度要大于地下裂缝的宽度。对岩心宽度数据的获取，可以用刻度尺直接测量。

根据中华人民共和国石油天然气行业标准中《油藏描述方法——碎屑岩油藏 SYT 5579.2—2008》规定，根据裂缝宽度，可以把裂缝划分为大裂缝、中裂缝、小裂缝和微裂缝（表 5-1）。

表 5-1　裂缝规模分类标准（据油藏描述方法——碎屑岩油藏 SYT 5579.2—2008）

裂缝名称	裂缝宽度/mm
大裂缝	>10
中裂缝	1～10
小裂缝	0.1～1
微裂缝	<0.1

5. 密度

裂缝密度又可以分为线性裂缝密度、面积裂缝密度和体积裂缝密度等。不同的学者，对裂缝密度的估算方式不同，但由于取心的局限，对裂缝密度通常采用估算的方法。只有在全井段取心或者全井段成像测井的基础上，对裂缝密度的计算较准确。

节理的密度可用线密度表示。线密度（U）是指节理法线方向上的单位长度（m）内的节理条数（n），用 n 条/m 表示，即

$$U = n/m \tag{5-1}$$

节理的密度也可以用单位面积内节理长度来表示，即一定半径（r）的圆内节理的长度之和（I），即

$$U = I/(\pi r^2) \tag{5-2}$$

6. 产状

裂缝产状是指裂缝的走向、倾向和倾角。对裂缝产状的确定方法较多，如果没有定向取心资料，可以借助成像测井资料或者采用岩心归位法等间接确定；对直井进行裂缝产状测量时，可以把岩心直立，直接测量裂缝的产状；如果是斜井，要对数据进行校正或者对井进行井斜角处理，这样才能得到裂缝在地下的真实产状。

7. 裂缝充填物

在裂缝充填物的观察中，要注意观察裂缝是否被充填，裂缝充填物的类型，充填物的充填顺序，纤维状充填物（矿脉）的晶体习性，纤维状（矿脉）矿物的方位及其与裂缝壁的几何关系，原生矿化和次生矿化的特征和含充填物的裂缝所占的比例等。

8. 裂缝期次

可以通过裂缝间的交切、终止和限制等关系，结合区域构造演化历史来大致确定裂缝的期次。但准确的确定裂缝期次，需要通过地球化学分析和各种实验。通常我们采用的方法有稳定同位素分析、包裹体测温、石英自旋共振测年分析、定向样品声发射试验、岩石力学性质测定等。

二、裂缝类型

中拐凸起石炭系火山岩储层裂缝发育，通过 G10、JL6、JL5、589、H56A、K021、JL10 等 17 口典型井岩心观测与研究发现，火山岩的裂缝类型复杂多样。

根据不同类型划分标准，中拐凸起火山岩裂缝可划分为多种类型（表 5-2）。

表 5-2 中拐凸起石炭系火山岩裂缝分类

依据	类型		特征
成因	构造缝	倾角	
		直立缝	≥80°
		高角度裂缝	60～80°
		斜交缝	30～60°
		低角度缝	10～30°
		水平缝	≤10°
		走向	
		北东向	—
		北西向	—
		东西向	—
		南北向	—
	成岩缝	砾缘缝	成岩过程中形成的，分布在角砾间或砾石边缘的裂缝，又叫贴砾缝
		冷凝收缩缝	成岩收缩缝主要是由于火山碎屑颗粒本身整体发生脱水收缩而形成的贴粒缝
		风化缝	火山岩体暴露地表时期在地表水及大气风化作用下形成的裂缝，风化缝形态极不规则
		溶蚀缝	受地表水淋滤或地下水溶蚀而形成，常与溶蚀孔、缝和构造裂缝交错相连，将岩石切割成大小不同的碎块
成因	诱导缝		因钻井或井下作业而诱导形成的裂缝，不是天然裂缝
组合形态	网状缝		裂缝密度较大、相互交错而成
	斜交缝		一般由密度较小的大裂缝组成，仅在部分井段发育

续表

依据	类型	特征
充填 程度	充填缝	裂缝全部被固体矿物质充填
	半充填缝	裂缝部分被固体矿物质充填
	未充填缝	裂缝没有被固体矿物质充填
规模	大裂缝	产状稳定，裂缝较宽，延伸较长，一般倾角较大
	小裂缝	产状不稳定，细小，一般产状较小或水平状

1. 按裂缝地质成因

依据裂缝形成的地质原因，中拐凸起石炭系火山岩裂缝可以分为构造缝、成岩缝、风化缝、溶蚀缝以及钻井诱导缝五类裂缝。其中对改善储层储渗性能和促进油气运移起主导作用的裂缝主要是构造缝，此外部分风化缝、溶蚀缝和诱导缝也能起到一定的作用。

1）构造裂缝

构造裂缝是火山岩中最主要的裂缝类型，主要以剪切缝为主，多表现为缝面平整、产状稳定、延伸较远，并具有较为明显的定向性（图 5-1）。中拐凸起石炭系火山岩在地质历史时期经历了多期次构造运动，构造裂缝系统彼此切割交错，共同构成了复杂的裂缝系统。由于钻井岩心的局限性，裂缝在岩心上通常呈现出斜交缝、直立缝、水平缝等特点，岩心裂缝密集发育段裂缝相互切割多呈网状（图 5-2）。

图 5-1　构造裂缝，596 井　　　　　　　　图 5-2　构造裂缝，G10 井

2）成岩缝

中拐凸起石炭系火山岩中的成岩缝包括冷凝收缩缝和砾缘缝。其中冷凝收缩缝是火山碎屑颗粒整体脱水收缩形成的贴粒缝，多发育于火山碎屑颗粒与填隙物之间，形成时间较晚（图 5-3）；砾缘缝是成岩过程中形成的，分布在角砾间或角砾边缘的裂缝，受火山相控制明显（图 5-4）。

3）风化缝

风化缝是火山岩体暴露地表时期在地表水及大气风化作用下形成的裂缝（图 5-5）。风化缝形态极不规则，常被方解石或泥质充填，多发育于石炭系风化剥蚀面附近，对后期

图 5-3　收缩裂缝，589 井　　　　　　　　图 5-4　砾间缝，581 井

构造裂缝的形成和溶蚀作用的发生有一定的促进作用。

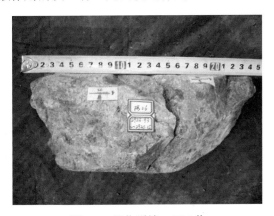

图 5-5　风化裂缝，G26 井

4）溶蚀缝

溶蚀缝是火山岩体由于暴露地表遭受风化淋滤作用而产生的，通常沿着早期形成的风化缝或构造缝的缝面发育，对油气储集有一定的改善作用，还可为后期构造裂缝进一步溶蚀或埋藏成岩阶段热液溶蚀作用创造有利的条件（图 5-6）。

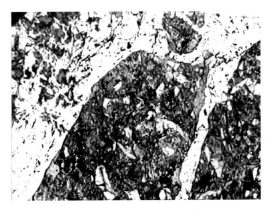

图 5-6　溶蚀缝，G150 井

5）钻井诱导缝

钻井诱导缝是在钻井过程中应力不均匀产生的裂缝，形态多为羽状或直立状，在 FMI 成像测井上沿井壁的对称方向出现（图 5-7、图 5-8），钻井诱导缝的走向方位与现今最大水平主应力的方位是一致的，因此在实际研究中，通常通过研究钻井诱导缝的方位来评价和确定现今最大水平主应力的方向。

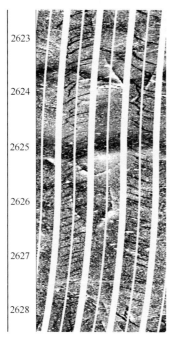 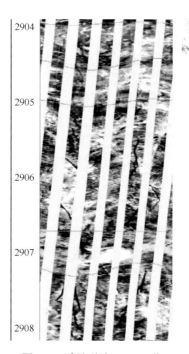

图 5-7　诱导裂缝，K021 井　　　　　　图 5-8　诱导裂缝，H019 井

2. 按照裂缝组合形态

依据裂缝的组合形态，可将火山岩裂缝划分为斜交缝和网状缝两种基本类型。斜交缝在中拐凸起石炭系火山岩储层中较为发育，斜交缝在岩心上表现为裂缝相互之间无交切关系（图 5-9、图 5-10）；网状缝表现为岩心上裂缝组系较多，不同组系的裂缝相互交错切割呈网状。组成网状缝的裂缝主要是构造缝，此外成岩缝和低角度的细小裂缝（有的是构造缝，有的是成岩缝）也可与构造缝相互组合。石炭系火山岩储层中网状缝发育程度较低，主要发育在距离断裂较近的钻井中（图 5-11、图 5-12）。

3. 按充填程度分类

裂缝在火山岩体中形成之后，在漫长地质历史过程中，缝内常常被不同矿物所充填，被矿物充填的裂缝其裂缝孔隙体积会不同程度地减小，连通性能变差。就改善火山岩储层储集性能的效果来说，裂缝的充填程度与其有效性是呈负相关的。裂缝的充填程度越高，有效储集空间就越少，其改善储层物性的能力就越差，裂缝的有效性就相对越差。根据中拐凸起火山岩裂缝中充填物的充填特点，把研究区石炭系火山岩中的裂缝划分为全充填缝、半充填缝和未充填缝三种类型（图 5-13～图 5-16）。裂缝岩心观测及薄片鉴定结果显示，研究区火山岩中多数裂缝被矿物质不同程度地充填，未充填缝所占比例不高。

图 5-9　斜交缝，596 井

图 5-10　斜交缝，589 井

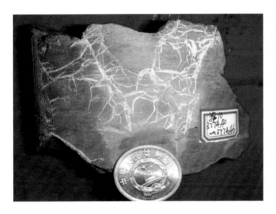

图 5-11　网状缝，G10 井

图 5-12　网状缝，596 井

图 5-13　全充填缝，596 井

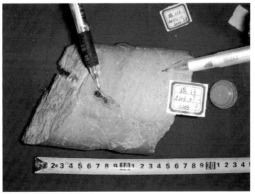

图 5-14　半充填缝，G13 井

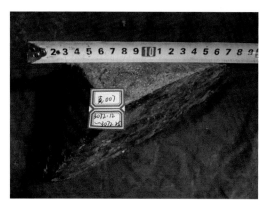

图 5-15 未充填缝，K007 井

图 5-16 未充填缝，598 井

三、裂缝发育程度表征

1. 裂缝倾角

裂缝的表征是以过岩心中轴线的垂直面为基准界面（水平沉积界面），通过测量裂缝面与基准界面之间的夹角来划分，按此标准可将裂缝产状分为五种类型。

（1）水平缝：裂缝面倾角为 0°～10°。

（2）低角度缝：裂缝面倾角为 10°～30°。

（3）斜交缝：裂缝面倾角为 30°～60°。

（4）高角度裂缝：裂缝面倾角为 60°～80°。

（5）直立缝：裂缝面倾角为 80°～90°。

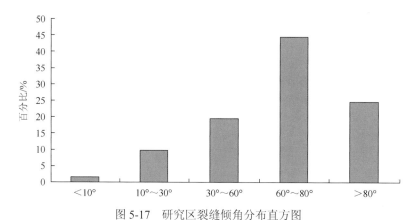

图 5-17 研究区裂缝倾角分布直方图

据成像测井及钻井取心统计（图 5-17），中拐凸起火山岩中倾角为 0°～90°的裂缝均有发育，其中倾角小于 10°的水平缝占 1.6%（图 5-18），倾角为 10°～30°的低角度缝占 9.8%（图 5-19），倾角为 30°～60°的斜交缝占 19.5%（图 5-20），倾角为 60°～80°的高角度缝占 44.5%，倾角大于 80°的直立缝占 24.6%（图 5-21）。高角度缝和直立缝占裂缝总数的 69%，是研究区的主要裂缝类型。

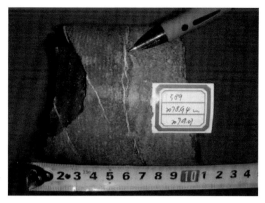

图 5-18　水平缝，589

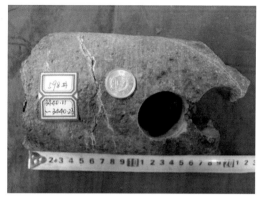

图 5-19　低角度缝，598

图 5-20　斜交缝，G10

图 5-21　直立缝，JL101

2. 裂缝充填性

中拐凸起石炭系火山岩裂缝中，全充填缝占裂缝总数的 47.7%，半充填缝所占比例为 32.6%，未充填缝所占比例为 19.7%。总体上火山岩储层充填程度较高，全充填缝所占比例约占一半，未充填缝仅占 20% 左右（图 5-22），这些未充填缝及半充填缝对油气渗流有比较重要的作用。

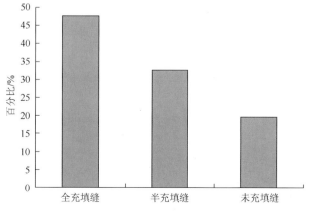

图 5-22　岩心裂缝充填程度频率分布图

通过 H56A 井、G10 井、JL6 井、JL5 井等 18 口典型井的观测和统计，区内石炭系火山岩中裂缝充填物主要类型包括方解石、绿泥石、石膏以及沥青等，裂缝充填物主要以方解石为主，方解石充填物占充填物总数的 85%以上，其次是沥青，占充填物总数的 7.7%；其余充填物石膏、绿泥石等仅在部分裂缝中可见，仅占充填物总数的 5%左右（图 5-23）。

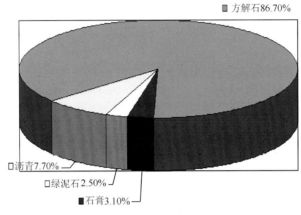

图 5-23　岩心裂缝充填物类型及频率分布图

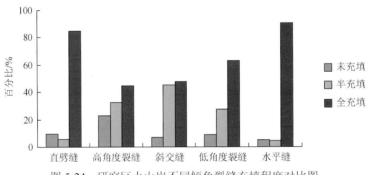

图 5-24　研究区火山岩不同倾角裂缝充填程度对比图

图 5-24 为不同类型裂缝的充填程度对比图，由图可以看出，研究区直立缝和水平缝充填程度最高，90%左右被全充填或者半充填，其次是低角度缝，大约 80%以上被全充填或者半充填，高角度缝和斜交缝充填程度相对较弱，约 60%为未充填缝或半充填缝。总体来说，全充填缝在直立缝和水平缝中最为发育，个别直立缝贯穿整个取心段，长达 1m以上，缝内全部被方解石充填，由于直立缝及水平缝中大部分被充填，故其有效性较差；半充填缝和未充填缝在高角度缝、斜交缝、低角度缝中均有发育，半充填缝中可见充填物被溶蚀现象。钻井取心观测和镜下薄片鉴定表明，高角度裂缝和斜交缝充填程度相对较低，缝面常见明显的含油或沥青充填现象，有效性较好，而其他类型裂缝充填较高，少量未充填及半充填裂缝也具有一定的有效性，对储层内各类流体的渗滤具有一定的改善作用。

3. 裂缝密度

据岩心观测描述及 FMI 测井统计，研究区高角度缝和直立缝所占比例较大，在直井钻探过程中遇缝率偏低，根据岩心及 FMI 测井统计得到的裂缝密度不大。其中 596 井和 598 井的平均裂缝密度最大，分别达到 5.1 条/米和 4.1 条/米，其次，达到 2 条/米以上的包括 K021 井、

JL061 井、H019 井，589 井、JL10 井、561 井；G10 井、JL5 井、G26 井单井裂缝密度低于 1
条/米。总体上，位于断裂发育区附近和构造高陡部位的裂缝密度普遍较高。根据研究区裂缝
密度分布图可知，研究区内裂缝密度为 1 条/米～2 条/米和 2 条/米～3 条/米者较为集中，该区
间所占比例超过了 70%（图 5-25、图 5-26）。

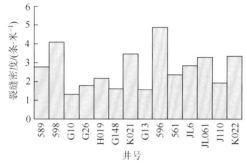

图 5-25　不同井岩心裂缝密度对比图

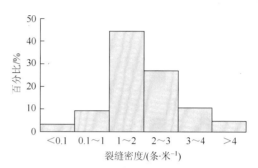

图 5-26　岩心裂缝密度分布频率图

4. 裂缝宽度

中拐凸起石炭系岩心裂缝宽度差异很大，从岩心观测统计的结果来看（表 5-3、图 5-27），
岩心裂缝平均宽度主要为 1～1.5mm 和 0.1～1mm，所占比例分别为 39.8%和 30%，表明
该区裂缝开度小，较为闭合。

表 5-3　中拐凸起石炭系岩心裂缝宽度统计表

井号	裂缝宽度/mm		
	最小值	最大值	平均值
589	0.1	5	1
598	1	2	1.25
G10	0.1	2	0.81
G148	0.1	8	4.05
G16	0.2	2	0.82
G26	<0.1	2	1
H019	0.5	2	1.25
JL5	0.5	1	0.67
JL6	<0.1	1	0.5
K021	0.1	0.2	0.15

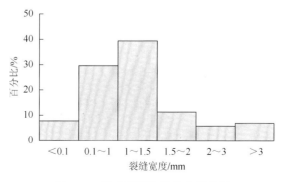

图 5-27　岩心裂缝宽度分布频率图

5. 裂缝长度

根据目前国内外裂缝长度划分的有关标准，结合中拐地区实际情况，将火山岩裂缝长度划分为大尺度裂缝（＞20cm）、中等尺度裂缝（10～20cm）、小尺度裂缝（5～10cm）和微裂缝（＜5cm）。就裂缝长度而言，裂缝延伸长度越长，越易构成油气储集体系或成为油气运移通道，对油气的运移所起的作用可能就越大。

由中拐凸起石炭系岩心裂缝长度统计表（表 5-4）可以看出，研究区裂缝长度范围为2～180cm，其中 561 井裂缝长度最大，最大可达 180cm（直立裂缝），596 裂缝长度也比较大，最长可达 80cm，其次，H019 井、598 井、G10 井、G16 井、K021 井等裂缝长度都集中在 10～20cm，其他井位如 G26 井、G148 井、JL5 井等裂缝长度均分布在 10cm 以下。从研究区岩心裂缝长度直方图（图 5-28）可以看出，研究区岩心裂缝长度主要为 10～20cm，其比例超过了 50%，其次是 5～10cm 和 20～30cm 的，岩心裂缝长度小于 5cm 的很少，不到 10%，总体上裂缝以中等尺度裂缝发育为主（图 5-28）。

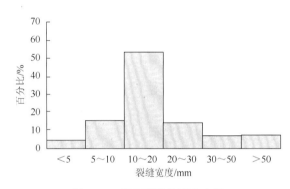

图 5-28　岩心裂缝长度分布图

表 5-4　中拐凸起石炭系岩心裂缝长度统计表

井号	裂缝长度/cm		
	最小值	最大值	平均值
596	6	80	28
598	10	28	16.25
JL6	6	14	9.8
G10	7	15	10.22
G148	7	19	9
G16	8	18	12
G26	8	12.5	9.2
561	9	180	83.6
H019	17	18	17.2
JL5	6	11	8.5
K021	6	18	12

第二节　火山岩储层裂缝期次及成因机制

近年来，研究裂缝发育期次的主要技术包括：①地质方法，包括区域构造特征分析、露头区裂缝调查、井下裂缝特征分析等；②实验测试方法，包括充填物同位素分析、包裹体测温、岩石声发射测试等。本书主要通过裂缝延伸方位、岩心裂缝充填物成分及相互切割特征、裂缝充填物包裹体均一温度、岩石声发射等手段，结合中拐凸起石炭系构造背景以及区域演化历史来探讨火山岩裂缝发育的期次及形成机理。

一、裂缝延伸方位

依据成像测井资料，对 K021 井、JL6 井、JL10 井、581 井等进行测井解析（图 5-29），以此来研究研究区裂缝的延伸方位。总体来看（图 5-30、图 5-31），火山岩裂缝倾向主要集中在近 SN 向、NW 向、SW 向，少量裂缝倾向为 NE 向，裂缝走向主要发育在 NE（50°±15°）、NW（295°±15°）、近 EW（85°±10°）和近 SN（0°±10°）四个方位，其中NE（50°±15°）和近 EW（85°±10°）向裂缝最为发育，其次是 NW（295°±15°）向，发育程度最差的是近 SN（0°±10°）向。

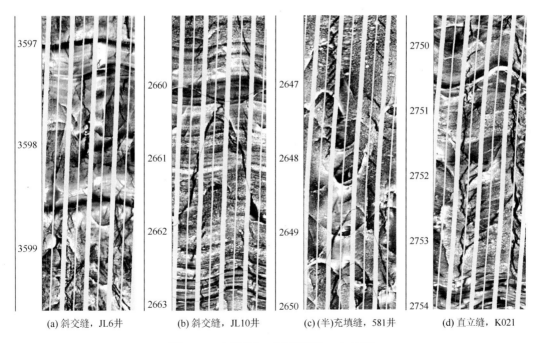

(a) 斜交缝，JL6 井　　(b) 斜交缝，JL10 井　　(c) (半)充填缝，581 井　　(d) 直立缝，K021

图 5-29　中拐凸起石炭系裂缝 FMI 特征

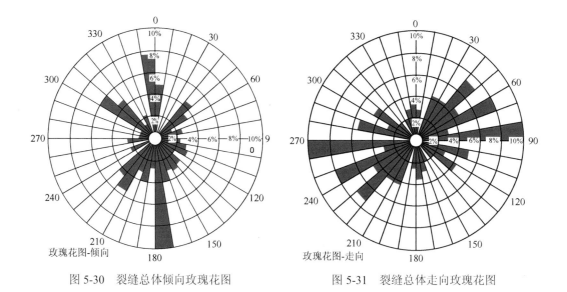

图 5-30　裂缝总体倾向玫瑰花图　　　　　　图 5-31　裂缝总体走向玫瑰花图

二、裂缝期次实验研究

1. 岩心裂缝充填及交切关系

裂缝期次研究最直接、最真实的方法是利用岩心裂缝方位、充填物成分及裂缝之间的相互切割关系来分析裂缝的形成期次。

通过该区裂缝充填物成分、相互切割关系（图 5-32、图 5-33），结合裂缝成像测井解析，表明中拐地区石炭系火山岩裂缝主要分为四期：第一期裂缝为近 EW 向和 NW 向，充填物主要为方解石及少量绿泥石；第二期裂缝为 NE 向，充填物主要为石膏；第三期裂缝为近 EW 向和 NW 向，充填物主要为方解石；第四期主要为近 SN 向和 NW 向裂缝，几乎未充填。

图 5-32　596 井，3129.4m，裂缝相互切割交错　　　图 5-33　K021 井，3128.8m，裂缝相互切割

2. 岩石声发射试验

岩石在地质历史时期经历了多个期次的地应力作用过程，对遭受过的应力作用具有记

忆功能，20世纪60年代，Goodman证实岩石具有"Kaiser"效应。Kaiser试验就是根据岩体中受多期构造运动影响，内部存在微观格里菲斯裂纹，一旦施力达到其古构造应力强度时，裂纹发生扩展并产生多个Kaiser效应点。近十几年来，该技术不断成熟，广泛应用于断裂演化、裂缝分期与配套、确定裂缝形成时的应力场强度等方面。

对中拐凸起石炭系火山岩12块岩心样品进行声发射Kaise效应试验（图5-34），发现样品一般都有5个明显的Kaise效应点，其中一个Kaise效应点是现今构造应力作用的结果，其他四个Kaise效应点反映在地质历史时期中岩石经历了四次微破裂事件。结合区域构造演化特征及前人已有研究结果，认为：第一期裂缝发育期为华力西构造运动中期的产物，古构造应力值为49.6MPa；第二期裂缝发育期为华力西构造运动晚期的产物，古构造应力值为39.9MPa；第三期裂缝发育期为印支构造运动期的产物，古构造应力值为34.1MPa；第四期裂缝发育期为燕山构造运动期的产物，古构造应力值为26.5MPa。

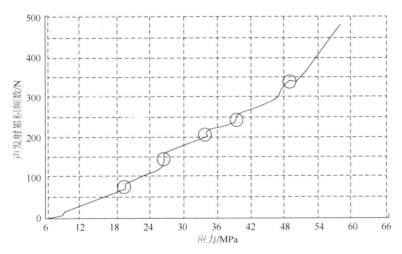

图5-34　中拐地区石炭系火山岩声发射AE曲线

3. 裂缝充填物包裹体均一温度

通过分析裂缝充填物中包裹体的形态特征及测定包裹体均一温度,得到充填物形成时的古温度,确定裂缝的形成期次及矿物充填期次,这项技术是构造裂缝期次研究中的一种较为常用和成熟的技术手段。

由于第四期裂缝几乎未充填,本书研究主要选取前三期不同切割期次裂缝充填物中的8个样品46个测试点进行均一温度测试,根据不同期次裂缝充填物温度分布及其形态特征（图5-35）,可以划分出该区构造裂缝的三个充填期次,第一期包裹体均一温度为75～82℃,第二期均一温度为92～97℃,第三期均一温度为106～112℃。考虑最后一期裂缝几乎未充填,该区火山岩中至少发育四期构造裂缝。

三、裂缝成因机制

构造演化历史分析表明,准噶尔西北缘的构造演化主要有4个阶段,其中对构造格局有重要影响的主要是华力西中期和晚期构造运动。华力西构造运动中期,受哈萨克斯坦板

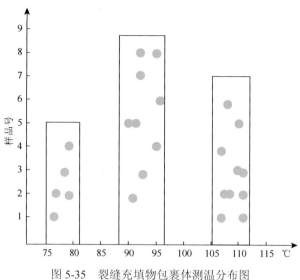

图 5-35　裂缝充填物包裹体测温分布图

块的构造挤压，其主应力方向为北西向；华力西运动晚期，整个准噶尔盆地受到南北向挤压，应力传递至西北缘，在哈萨克斯坦—准噶尔板块内，产生沿北西—北西西方向的构造块体错动，形成北西方向的巨型右旋走滑，派生出北西向的主应力，这两期构造运动对中拐凸起的构造格局形成起到了关键作用，之后的印支构造运动和燕山构造运动对工区的改造程度有限。

根据岩心裂缝及其充填物相互交切、岩石 Kaise 效应测试、裂缝充填物包裹体均一温度测试，结合区域构造演化历史综合分析，认为中拐凸起火山岩体形成以来主要经历了四个期次的构造运动，构造运动的作用期次与裂缝发育的期次具有较明显的对应关系，说明裂缝的形成与构造运动具有明显的对应关系。

第 1 期裂缝：华力西构造运动中期，中拐凸起受到哈萨克斯坦板块 NW 向的构造挤压，原始产状的火山岩地层发生破裂，产生两组裂缝，这两组裂缝走向方位主要为近 EW 向（$85°±10°$ 和 $265°±10°$）和 NW（$300°±15°$）向，该期裂缝与层面近于垂直，倾角普遍在 $75°$ 以上，在平面上呈"X"型，构成研究区早期平面"X"型共轭剪切缝；随着 NW 向构造作用力的持续影响，进一步发育一组与主应力方向垂直的 NE 向（$45°±15°$）高角度张性裂缝。华力西运动中期形成的这期裂缝充填程度较高，大部分均被方解石全充填（部分方解石被 Fe^{3+} 侵染而呈橘红色），少量裂缝被绿泥石所充填，该期裂缝有效性总体上较差（图 5-36）。

第 2 期裂缝：华力西构造运动晚期，中拐凸起再次受到 NW 向构造挤压应力的影响，该期作用力比华力西构造运动中期应力有所增强。在该期构造应力的影响下，近 EW 向（$85°±10°$ 和 $265°±10°$）和 NW（$300°±15°$）向的平面"X"型共轭剪切缝进一步被改造，产生拉张和扩展，部分裂缝扩展产生近 EW 向（G26 井南断裂、G6 井南断裂）和少量近 SN 向断层（JL5 井西断裂）；与此同时，在垂直于主应力方向上（即 NE 向），新产生两组剪切缝，这两组剪切缝走向均为 NE 向，倾向相对，与岩层面夹角为 $60°～80°$，在剖面上构成剖面"X"型共轭剪切缝；随着 NW 向构造作用力的增强，垂直于构造主轴的 NE

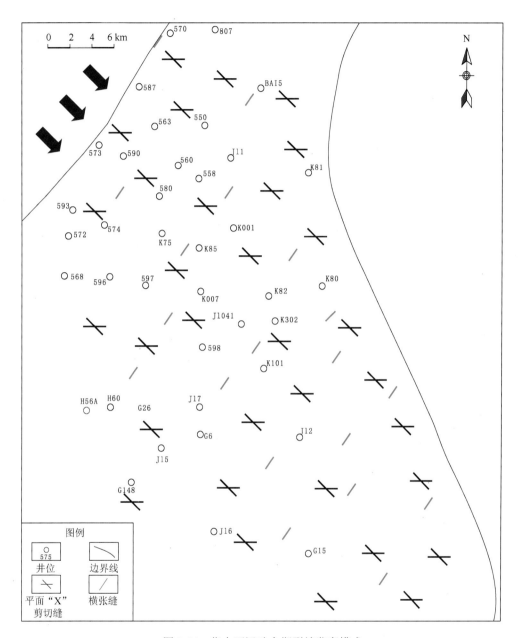

图 5-36　华力西运动中期裂缝发育模式

向（45°±15°）高角度横张缝也被进一步拉伸而宽度变大，规模变大，部分扩展发育形成
NW 向断层（如 598 井断裂）。华力西运动晚期发育的剖面"X"型共轭剪切缝在中拐凸起
石炭系火山岩中发育较为广泛。裂缝充填物主要为方解石，部分裂缝面可见沥青或硬石膏，
与早期裂缝相比该期裂缝充填程度有所降低，对其有效性起到一定的改善作用（图 5-37）。

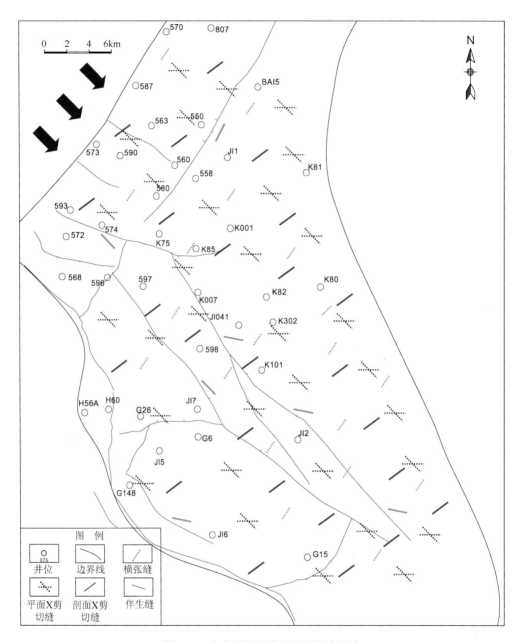

图 5-37　华力西运动晚期裂缝发育模式

　　第 3 期裂缝：印支构造运动时期，准噶尔西北缘构造运动强度相对较弱，中拐凸起进一步隆起，但隆起幅度较小，主要在隆起高部位形成与构造应力方向垂直的 NE 向张裂缝；同时，由于华力西运动产生的断层进一步改造和扩展，随之产生了与断层延伸方位基本平行或与断层延伸方位呈锐夹角的断层伴生缝，伴生缝走向方位主要为近 EW 向、NE 向和近 SN 向，裂缝中充填物主要为方解石，充填程度低。

第4期裂缝：燕山构造运动时期以来，准噶尔西北缘的构造运动较为微弱，仅对局部构造和前几期裂缝进行了微弱的改造，同时新产生了少量小型断层伴生缝；该期裂缝数量较少、裂缝规模不大且基本未充填。四期构造运动中，华力西中—晚期的构造运动所形成的裂缝是中拐凸起石炭系构造裂缝的主要类型。

第三节　火山岩裂缝测井识别与解释

一、裂缝测井响应特征

目前，能够用于进行火山岩裂缝性别的常规测井主要有双侧向测井、声波时差（AC）测井、密度（DEN）测井、自然伽玛（GR）测井以及电磁波测井等。

几种常见的常规测井资料识别裂缝的机理如下所述（图 5-38）。

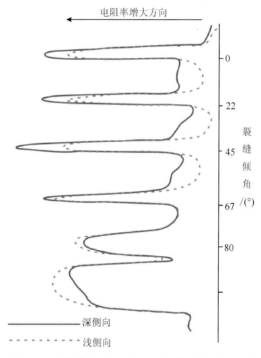

图 5-38　裂缝倾角与深浅双侧向曲线特征的关系

1. 声波时差（AC）测井特征

声波时差（AC）测井特征是孔隙度测井方法之一，对地层岩性和孔隙度均有良好的反映。裂缝对声波时差影响的大小，主要受裂缝产状和宽度的影响。从理论上来讲，低角度裂缝在声波时差上的反映更为明显，声波时差曲线产生周波跳跃或时差增大等现象可以明显识别水平缝、低角度缝或含气层。

2. 密度（DEN）测井特征

补偿密度反映岩石的总孔隙度，裂缝发育段密度值会明显减小。

3. 中子（CNL）测井特征

在中子测井探测范围内若有裂缝存在，中子孔隙度显示为明显高值。

4. 自然伽马（GR）测井特征

自然伽马（GR）测井特征对泥质含量的高低反映明显，泥质含量越高，伽马测井值越高，其对裂缝识别作用不大，往往需要结合其他测井曲线来综合识别。

5. 井径（CAL）曲线特征

在单井径测井曲线上，裂缝发育段井径值会有明显增大的现象。

根据钻井岩心观测和 FMI 成像测井解析，将裂缝发育段与常规测井曲线对应深度进行标定，通过对比分析，火山岩裂缝发育段的测井响应特征如下：声波时差（AC）和中子（CNL）测井值较围岩值高而密度（DEN）值较围岩低；自然伽马（GR）值降低；深浅双侧向电阻率呈正差异或差异不明显；井径（CAL）曲线明显扩径；特别是声波时差值（AC）、密度（DEN）测井值和深浅双侧向测井值变化最为显著。根据统计学原理，对中拐凸起石炭系裂缝进行常规测井识别，其识别模式可以总结为（图 5-39、图 5-40）：井径（CAL）出现扩径现象；密度（DEN）降低；中子孔隙度值（CNL）增大；声波时差值（AC）增大；三电阻率曲线值（RT、RS、RXO）降低，其中 RXO 降幅大，形成幅度差；自然伽马值（GR）和自然电位值（SP）异常。

二、裂缝单井识别与解释

依据建立的火山岩裂缝常规测井的识别模式，对研究区典型井的裂缝发育程度进行单井识别与解释，下面以 598 井、589 井、JL5 井为例分析其裂缝发育情况。

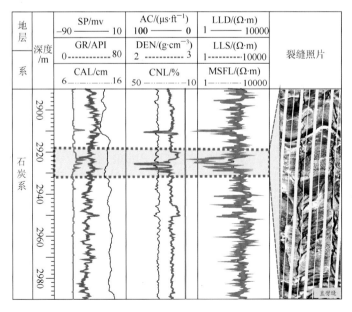

图 5-39　G26 井裂缝测井响应特征

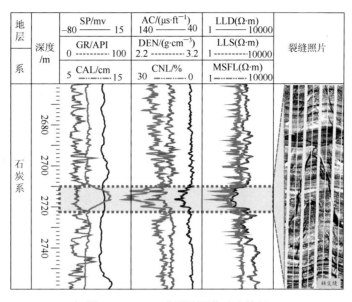

图 5-40　K021 井裂缝测井响应特征

1.598 井

598 井石炭系共识别出四处裂缝发育深度段（图 5-41），分别是井深 2028～2032m、

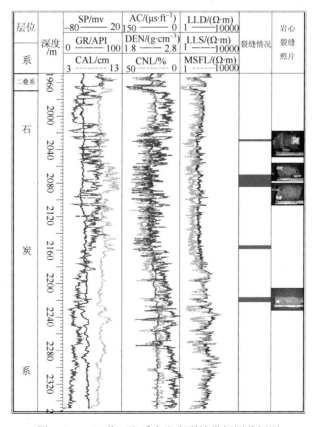

图 5-41　598 井石炭系火山岩裂缝常规测井识别

2070～2086m、2154.5～2158.5m 和 2215～2222m，依据岩心观测及成像解释的结果，598 井在 2028～2030m、2070.1～2084.5m、2216.5～2221.9m 发育裂缝，表明常规测井识别与岩心及成像测井较为吻合。从 598 井裂缝识别结果看出，该井裂缝发育段厚度变化大，厚度大的裂缝发育段达到 14m 左右，厚度小的只有 2m 左右，反应裂缝发育的非均质性强，厚度上规律性差，纵向上，裂缝发育段主要集中在该井石炭系中上部。

2. 589 井

589 井石炭系共识别出四处裂缝发育深度段（图 5-42），分别是 3212.8～3221.2m、3313.2～3320.2m、3350～3355.8m 和 3440～3445m。

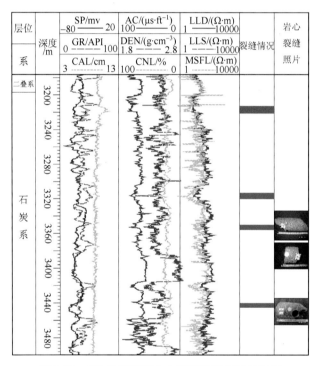

图 5-42　589 井石炭系火山岩裂缝常规测井识别

3. JL5 井

JL5 井石炭系共识别出三处裂缝发育深度段（图 5-43），分别是 2936.2～2941.8m、3035.8～3043.8m、3235.8～3244.4m。

从单井的裂缝效果来看，中拐凸起石炭系火山岩裂缝的常规测井响应特征明显，识别结果与岩心及成像测井吻合度高，识别效果较为可靠。从单井识别的结果看出，单井裂缝的分布规律性不强，裂缝发育段的厚度大小不均。

三、裂缝发育连井解释与对比

为明确裂缝在纵向上的分布规律，本书在单井识别和解释裂缝发育的基础上，建立了贯穿研究区的两条主干剖面，对裂缝纵向分布特征进行对比分析。

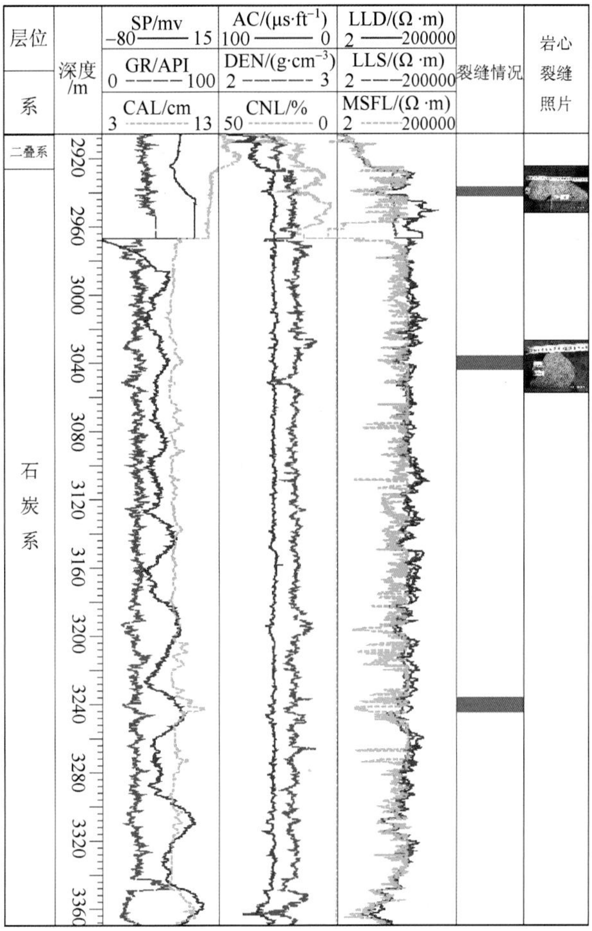

图 5-43　JL5 井石炭系火山岩裂缝常规测井识别

1. H56A 井—G150 井—G148 井—JL5 井

图 5-44 为 H56A 井—G150 井—G148 井—JL5 井连井剖面，其裂缝发育段对比分析表明裂缝发育非均质性强。纵向上看，一方面，各井裂缝发育段厚度变化大，裂缝发育段厚度大的可以达到 10m 以上，厚度小的则只有 1～2m；另一方面，在裂缝的纵向分布上，裂缝分布差异性大，即使相邻很近的井，裂缝发育段与不发育段在纵向上间互性强，无可比性。通过对比发现，裂缝发育段与距离石炭系顶面的距离关系密切，如 H56A 井裂缝发育段分布在距离石炭系顶部 40～180m 处，G150 井裂缝发育段分布在距离石炭系顶部 40～340m 处，G148 井裂缝发育段分布在距离石炭系顶部 60～220m 处，JL5 井裂缝发育段分布。在距离石炭系顶部以下 20～140m 处。裂缝发育段多分布在距离石炭系顶部 20～200m 处，距离石炭系顶部 20m 以内或者距离石炭系顶部超过 240m 的位置，裂缝发育程度相对差。

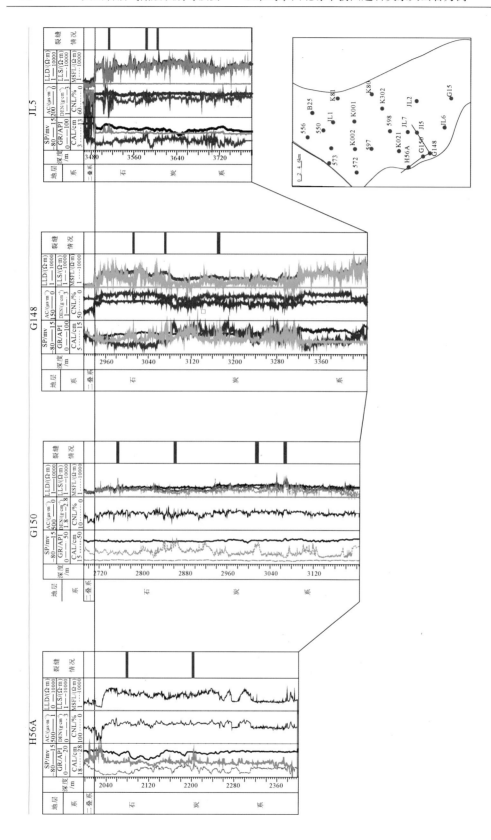

图 5-44　H56A—G150—G148—JL5 裂缝连井剖面

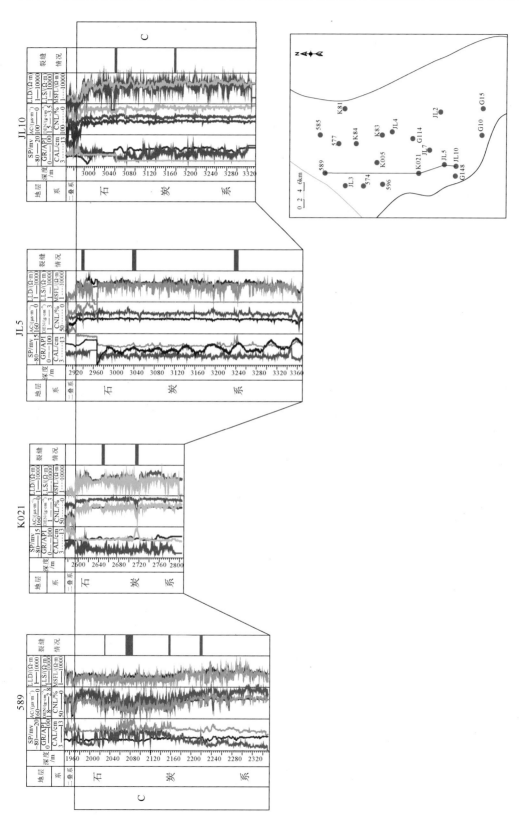

图 5-45　589—K021—G148—JL5—JL10 裂缝连井剖面

2. 589 井—K021 井—G148 井—JL5 井—JL10 井

图 5-45 为 589 井—K021 井—G148 井—JL5 井—JL10 井连井剖面，该剖面裂缝发育情况也具有与 H56A 井—G150 井—G148 井—JL5 井剖面类似的特点，井间裂缝发育程度差异较大，缺乏可比性，但是裂缝发育程度与距离石炭系顶面距离关系密切，如589 井裂缝发育段分布在距离石炭系顶部 50~250m 处，K021 井裂缝发育段分布在距离石炭系顶部 40~120m 处，G148 井裂缝发育段分布在距离石炭系顶部 15~120m 处，JL5 井裂缝发育段分布在距离石炭系顶部 20~140m 处，JL10 井裂缝发育段分布在距离石炭系顶部 35~200m 处。统计分析看出，裂缝发育段也多分布在距离石炭系顶部20~200m 的范围内。

裂缝单井、连井对比分析表明，石炭系火山岩裂缝发育非均质性强，单井裂缝厚度变化大、井间裂缝缺乏可比性，但在纵向上裂缝分布存在一定的规律性，即距离石炭系顶部较近（20~180m）的深度范围内，裂缝发育程度好，距石炭系顶部 20m 以内或者超过 200m 的深度裂缝发育情况变差。该区裂缝发育的特点与研究区所经历的构造演化特征密切相关，石炭系火山岩形成之后长时间的风化剥蚀使得火山岩体力学强度降低，尤其距离顶部越近其风化越强烈，越容易在构造运动下发生破裂，越容易产生裂缝。

第四节　火山岩裂缝预测

由于火山岩类型多样、岩相多变、分布不均、多期叠置以及构造运动期次复杂等特点，火山岩储层的构造裂缝分布规律预测难度较大。本书主要在裂缝基本特征、测井解释及裂缝发育影响因素研究的基础上，利用基于地质类比法的裂缝预测、基于岩石破裂程度理论的裂缝预测、地震属性预测等手段对研究区裂缝分布规律进行预测。

一、地质类比法

基于地质类比法的裂缝预测，是裂缝预测手段中最直接和最有效的手段。地质类比法主要是在基于对目标区构造特征、构造演化史、岩性特征及力学性质等整体认识的基础上，采用岩心观测、镜下薄片鉴定及实验测试等手段，获取岩心裂缝发育的基本参数（类型、产状、发育程度、期次及成因等），以此获得裂缝发育的基本特征；由于取心井及取心量有限，在裂缝基本特征研究基础上，常采用基于岩心归位和岩心刻度测井（常规测井、成像测井）的手段，通过已有的岩心裂缝信息对没有取心井的裂缝进行单井及连井的识别与解释，由点及线进行测井裂缝评价和预测；然后根据岩心观测、薄片鉴定、测井解释等研究结果，利用地质分析手段研究和明确裂缝发育的主控因素（岩性、构造及厚度等）；综合以上的研究结果，结合研究区已发现工业油气流、油气显示探井的分布情况，最终对裂缝发育程度及分布规律进行地质上的定性预测。

1. 影响裂缝发育的地质因素

岩心观测表明，596 井、598 井、H56A 井、589 井、G10 井、H019 井、JL 10 井、JL101

井等井岩心裂缝较为发育，而 JL5 井、G26 井等裂缝相对欠发育。依据区域构造特征及演化、火山岩相展布、钻井岩心观察描述、测井识别与解释及实际生产资料，认为该区裂缝发育影响因素包括构造部位、岩性和厚度。

1）岩性

岩性对火山岩裂缝的影响主要表现在，不同岩石其成分、结构及构造差异较大，导致其岩石力学性质各异，进而影响受力时岩石断裂的难易及断裂的程度。中拐凸起石炭系火山岩具有岩性复杂、岩相变化快、多期叠置等特点；在同一构造应力影响下，裂缝的发育会由于岩性的不同而表现出明显的差异，一般来说，脆性组分含量越高的岩石中裂缝的发育程度往往更高。

统计结果表明，中拐石炭系火山岩中，火山角砾岩和安山岩中裂缝密度最大，其次是凝灰岩，平均密度最小的是玄武岩和花岗岩（图 5-46）。分析其原因，这与火山角砾岩和安山岩的岩性特征有关，火山角砾岩和安山岩在形成之后长期暴露地表遭受风化淋滤，其抗风化能力相对较弱，风化淋滤之后力学强度降低，在同一构造背景下更易发生剪切破裂，有利于裂缝发育；区内玄武岩及花岗岩抗风化能力较强，多呈致密块状，力学强度大，相同构造应力条件下不容易发生破裂，裂缝发育程度低。因此，该区最有利于裂缝发育的岩性是火山角砾岩和安山岩，玄武岩和花岗岩中裂缝欠发育，而凝灰岩裂缝发育程度介于两者之间。

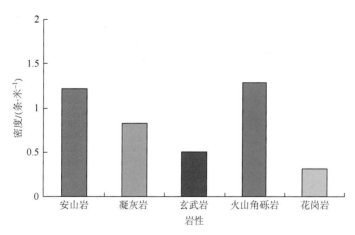

图 5-46　不同岩性中的裂缝密度

2）构造位置

构造位置对裂缝发育具有重要影响，构造部位不同，应力分布情况也不同，导致裂缝的发育程度相差较大。一般认为，构造变形程度越大的部位裂缝越发育。

中拐石炭系断裂构造发育，断裂通过控制其附近局部构造应力来影响其裂缝发育分布。如邻近 H3 井东侧断裂的三口钻井，其裂缝密度均在 1.5 条/米以上，距离 H3 井东侧断裂稍远的其他部位裂缝密度均在 0.8 条/米以下。通过对研究区岩心观测、测井解释等的研究，发现裂缝发育密度与距离主控断裂的距离具有明显的负相关性。图 5-47 为在岩心统计和测井解释（成像测井、常规测井）基础上得到的裂缝密度与距离主控断层面距离的

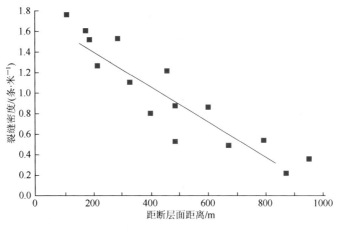

图 5-47 裂缝密度与距断层距离的关系

关系图，可以看出，中拐凸起石炭系火山岩裂缝密度较大的区域主要位于主控断裂附近约
500m 以内的区域，距离主控断裂 500m 以外的区域，裂缝密度明显减小，发育程度有所
降低。

3）厚度

在一定厚度范围内，裂缝的平均密度与岩层厚度呈负相关关系。从区内钻井岩心观测
及薄片鉴定表明，中拐凸起石炭系火山岩成层性差，产状普遍呈致密块状，裂缝密度普遍
不大，层厚变化对裂缝发育的影响有限。

综上所述，火山岩储层裂缝发育的主要影响因素是岩性和构造，与层厚关系不大。

2. 基于地质类比法的裂缝预测

依据岩相分布、构造特征、岩心观测、测井解释及地质分析，结合已有的工业油气流、
油气井及出油出气点的分布特征，本书采用地质类比的手段对裂缝分布状况进行预测与评
价（图 5-48）。

地质类比法裂缝预测的结果表明，中拐凸起石炭系储层裂缝发育区主要分布在
中拐五八区 587 井—576 井—573 井—593 井—572 井一带、560 井—559 井—580 井、
K75—K77—K85 井一带，中拐凸起中部 K021 井—H56A 井—H019 井、JL7 井—JL11
井—JL10 井一带、JL061 井—JL6 井、G10—G15 井一带以及 598 井以西一带，中拐
东斜坡 K83 井—K82 井一带、K007 井—JL041 井—K302 井—K79 井—K301 井一带
以及 JL2 井—G15 井之间断裂交汇带。裂缝发育区总体上位于研究区较大规模断裂带
两侧和多组断裂交汇地带，内部次级断裂较为发育，同时该区域又是爆发相火山角
砾岩与喷溢相安山岩有利岩相发育区；位于裂缝发育区的 K021 井、JL10 井、H019
井等，先后在石炭系火山岩中获得高产工业油气流，其中 H019 井在石炭系火山岩试
油获日产油 105.96t，获日产天然气 $2.14×10^4m^3$，K021 井在石炭系火山岩试油获日
产油 66.38t，获日产天然气 $0.76×10^4m^3$。裂缝较发育区位于裂缝发育区的外围，距
离较大规模断裂稍远，主要位于规模相对较小的断裂带两侧呈不连续片状展布，位
于裂缝较发育区 G10 井、JL5 等，油气显示情况与裂缝发育区相比较差，其中 G10
井在石炭系火山岩试油获日产油 5.44t，获日产天然气 $2.41×10^4m^3$，JL5 井在石炭系

火山岩试油获日产油 0.016t。

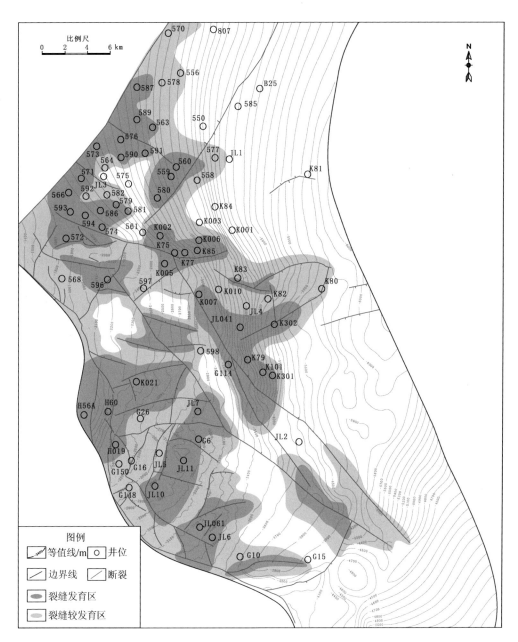

图 5-48　中拐凸起石炭系火山岩裂缝地质类比法预测

二、基于岩石破裂程度理论的裂缝预测

1. 基于岩石破裂程度理论裂缝预测思路

基于岩石破裂程度理论的裂缝预测主要以古构造应力场反演为主要技术,依据现今构

造形迹进行应变场模拟，得出地应力的分布特征（图 5-49），根据地应力分布情况，结合岩石力学特性判断岩体破裂程度，以此来进行裂缝预测。

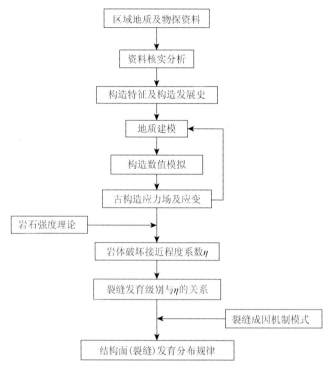

图 5-49　岩石破裂程度理论裂缝预测流程图

由于岩体的断裂变形不仅与古构造应力有关，并且与地应力及其组合有关。故裂缝发育程度（即岩体破裂程度）需用岩体强度理论来进行判定。由于研究区研究对象位于地下高围压环境，本书在研究中采用 Mohr-Coulomb 强度理论来对研究区火山岩体的破裂程度进行判断，进而综合预测裂缝分布规律。

在岩体力学的应力-应变研究过程中，通常采用 η 表征岩体破坏接近程度。根据摩尔理论，岩石破坏接近度系数表达式可表示为

$$\eta = \frac{f}{k} = \frac{\sigma_1 - \sigma_2}{\left(\dfrac{c}{\tan\varphi} - \dfrac{\sigma_1 + \sigma_2}{2} \right)\sin\varphi} \tag{5-3}$$

基于 Mohr-Coulomb 强度理论的破坏接近程度（η）如图 5-50 所示。

依据岩体力学理论，岩体释放破裂的判断标准为：

当 $\eta < 1$ 时，岩体处于稳定状态，未发生破坏（应力状态位于屈服曲面内部）；

当 $\eta \geqslant 1$ 时，岩体所受应力等于或超过摩尔（Mohr）-库仑（Coulomb）破裂包络线，形成明显破裂面。

理论上，η 越大，裂缝就越发育，而在实际应用中，还需与钻井及生产实际相结合，建立 η 与裂缝发育级别的对应关系。

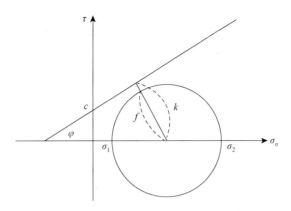

图 5-50　基于 Mohr 准则的破坏接近程度图

2. 裂缝预测

中拐凸起石炭系火山岩体形成之后主要经历了四个期次的构造运动,其中华力西中期和晚期构造运动作用过程中 NW 向的构造挤压是中拐凸起构造形态和断裂发育的关键阶段,后期构造(印支—喜马拉雅)运动是推覆构造基本定型之后发生的,只对已有形迹进行一定程度的改造。在此构造成因及动力背景影响下,研究区石炭系总体构造形态为一向 SE 倾斜的宽缓鼻状古隆起,区内断裂发育,主要断裂延伸方位为近 EW 向、NW 向,其次是 NE 向和近 SN 向。

1)结构模型及边界条件

依据石炭系构造特征以及区域地质背景,建立基于古构造应力场反演的地质结构模型。按照构造形态及区域的差别,将该结构模型进一步细分为若干类岩体介质,把整个研究区范围划分为不同的构造单元,将较大的五区南断裂、H3 井东侧断裂等地区划分为不同的构造区域,其次是按局部构造形态的差别将中拐凸起中部地区和西部单独划分出来,成为几种特殊的材料区;模型考虑了区内主要发育的主要断裂及隆起形态,针对构造部位的具体特征,采用设置和调整材料值来实现。总体来说,模型较为客观地反映了地质原型的特征。由于不同构造单元的差异,不同区域划分出的材料单元数量和材料赋值都体现出一定的差别。具体材料单元划分及结构模型如图 5-51 所示,具体材料单元参数赋值如表 5-5 所示。

模型边界条件的设定也依据研究区构造成因及动力来源,具体边界设置方案为:结构模型的 SE 和 NE 边界进行单向约束,给 NW 边界施加 50MPa 的正应力,形成均布荷载,给 SW 边界施加 8MPa 的正应力以控制边界。建立好结构模型之后,采用八节点四边形单元和六节点三边形单元进行结构模型的离散化处理,离散化后的模型单元和节点数分别是 3521 和 9523 个,以此为依据,对其古构造应力场进行反演计算(图 5-52)。

2)破裂程度及裂缝预测

根据古构造应力场反演所得到的岩体破裂程度,结合中拐凸起石炭系火山岩构造特征以及岩心、测试等实际生产资料,对中拐凸起石炭系火山岩裂缝发育进行预测标准的制定(表 5-6)。

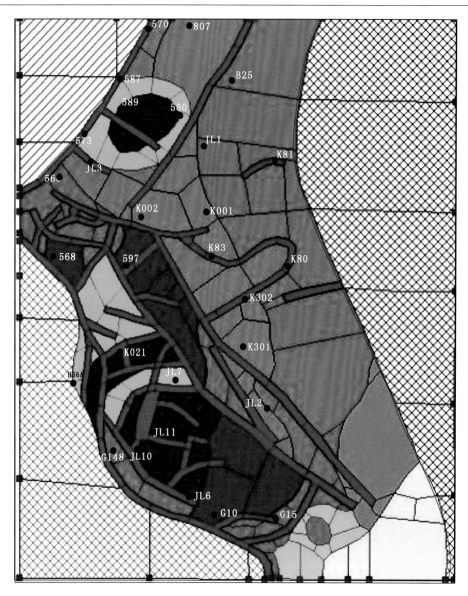

图 5-51　中拐凸起石炭系地质结构模型

表 5-5　中拐凸起石炭系结构模型物理力学参数取值

材料名	弹性模量 E/MPa	泊松比/μ	内聚力 C/MPa	内摩擦角 φ/ (°)	抗剪断度 τ/MPa
充填带	15500	0.12	3.5	50	0.6
东西向小断层	18800	0.24	1.7	30	0.51
北西向断层	18800	0.25	1.52	30	0.51
南北向断层	18800	0.225	1.5	31	0.51
北东向断层	18800	0.24	1.5	30	0.52
大断裂带	18900	0.27	1.3	29	0.5
南部构造平缓区	16800	0.17	2.3	45	0.6

续表

材料名	弹性模量 E/MPa	泊松比/μ	内聚力 C/MPa	内摩擦角 φ/（°）	抗剪断度 τ/MPa
鼻状突起外围	17700	0.2	2	36	0.5
北东部构造平缓区	16500	0.16	2.4	45	0.6
鼻状构造	18200	0.22	1.9	31	0.5
陡坡带	17800	0.2	1.9	35	0.54
陡坡转折端	17800	0.2	1.8	36	0.52
大断裂影响区	18200	0.22	1.5	33	0.52
断层次影响区	17600	0.19	1.8	38	0.55
较陡区	17300	0.18	2.1	40	0.58
西南构造较平缓带	16800	0.17	2.3	48	0.6

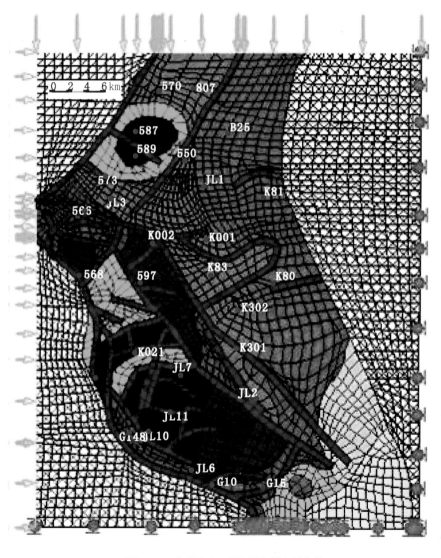

图 5-52　中拐凸起石炭系模型边界条件

表 5-6　岩体裂缝预测的 η（岩石破裂接近程度）标准表

η 值	破裂程度	裂缝发育级别
≤1.026	破裂欠发育区	III
1.026～1.184	破裂较发育区	II
1.184～1.421	破裂发育区	I
≥1.421	破坏区	断裂带

按照此标准，将区内火山岩体破裂特征及裂缝分布规律分析如下（图 5-53）。

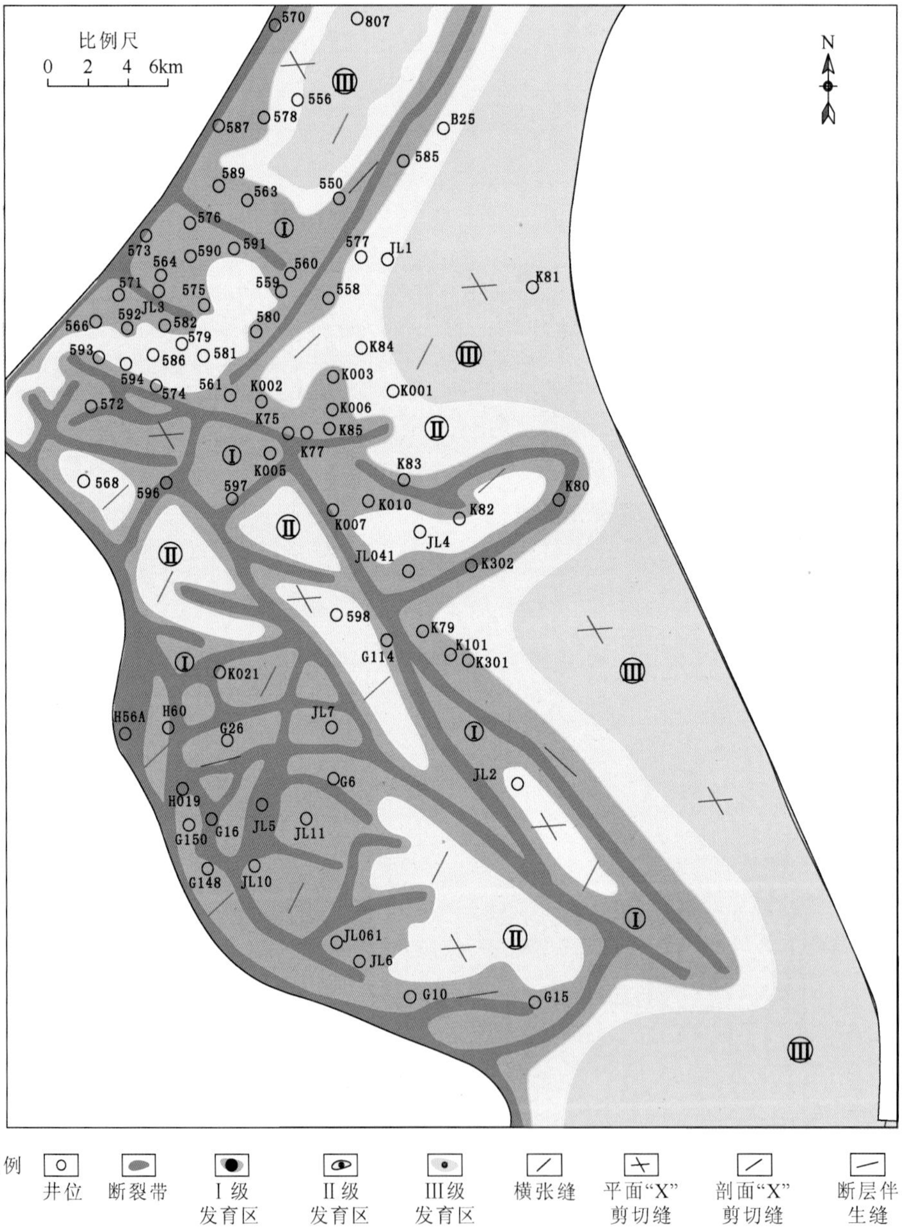

图 5-53　基于岩石破裂理论的裂缝预测

（1）断裂带，主要分布在 NW 向、NE 向及近 EW 向断层附近，受断层控制明显，如五区南断裂、H3 井东侧断裂、红车断裂等主控断裂附近，其岩石破坏程度系数均大于 1.60，其余次级断裂如 G148 井南断裂、JL6 井南 1 号、JL10 井南 2 号断裂岩体破裂程度也较大，均大于 1.5；该区是研究区岩体破裂程度最高的区域。

（2）I 级裂缝发育区，主要沿着 NW 向、NE 向及近 EW 向断层两侧呈不连续条带状分布，如 598 井断裂、H3 井东侧断裂两侧及五八区南断裂，此外局部构造高点、小型鼻状构造及断背斜附近也有发育。该区裂缝非常发育，岩石破坏程度系数为 1.184~1.421，为 I 级裂缝发育区，主要裂缝类型为 NW 向构造挤压下形成平面"X"型共轭剪切缝、剖面"X"型共轭剪切缝、横张缝和断层伴生缝，其中平面"X"型共轭剪切缝延伸方位主要为 NW 和近 EW 向；剖面"X"型共轭剪切缝延伸方位主要为 NE 向，横张缝方位为 NE 向，与构造挤压方位垂直；断层伴生缝主要与断裂小角度相交，主要方位为近 EW 向和 NW 向。

（3）II 级裂缝发育区，呈条带状发育于 I 级裂缝发育区周围分布，同时在鼻状构造带外围、中部斜坡带以及东斜坡地区也有发育，岩石破坏程度系数较大，为 1.026~1.184，主要裂缝类型为裂缝平面"X"型共轭剪切缝、剖面"X"型共轭剪切缝及少量横张缝，其中平面"X"型共轭剪切缝延伸方位主要为 NW 和近 EW 向；剖面"X"型共轭剪切缝延伸方位主要为 NE 向。

（4）III 级裂缝发育区，主要发育在 II 级裂缝发育区的外围更广的区域，这些区域离主控断层较远，主要集中在东部的凹陷区域和平缓区，这些区域岩石破坏程度系数均小于 1，裂缝延伸方位主要为 NW 和近 EW 向，在平面上组合成平面"X"型共轭剪切缝，其他类型裂缝均不发育。

三、基于地球物理技术的裂缝预测

利用地球物理方法预测裂缝是目前较为常用的手段。火山岩裂缝在地震上主要引起地震反射同相轴的振幅、频率和相位变化，因此，基于地球物理技术裂缝预测主要根据所使用的地震数据体及所检测的地震属性进行，但是由于地震本身的分辨率以及地震勘探中的不确定性等因素影响，地球物理技术预测火山岩裂缝及其发育带还存在相当大的难度。

目前应用地球物理资料预测裂缝的方法多种多样，主要成熟的方法包括：曲率法、叠后地震属性分析、模型正演、地震反演、地震速度分析、AVO 技术、多波多分量技术等。本书研究主要利用相干技术、曲率法来开展裂缝预测研究。

1. 相干技术

1）原始属性相干预测

相干分析技术通过计算地震数据体中相邻道与道之间的相似性，来突出由于断裂、裂缝发育带等原因产生的差相关或不相关异常现象，从而达到检测断裂及裂缝发育带的目的。由于裂缝是小尺度的断层，岩层相干技术可以突出地震数据间的不连续性，达到检测断裂的目的，所以可以用地震沿层相干属性来检测裂缝。

从图 5-54 和图 5-55 可以看出，较长、较大的黑色区域为大断裂发育区，在白色背景上蠕虫状的黑色区域就是小断层或者裂缝发育区。由于地震资料本身的原因，

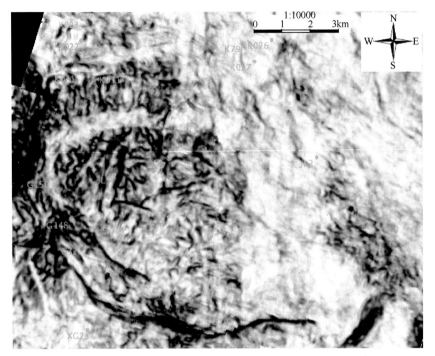

图 5-54 中拐凸起中部石炭系裂缝相干预测（原始地震数据）

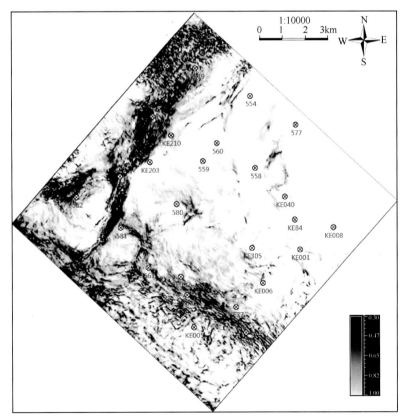

图 5-55 中拐凸起五八区石炭系裂缝相干预测（原始地震数据）

直接用原始地震数据计算出的相干对裂缝预测的效果一般，需进一步进行算法改进以提高相干识别的效果。

2）构造导向滤波后相干预测

提高相干识别的效果主要从改进算法和改进输入的地震数据体两方面来进行，目前较为常用的是在计算相干之前对地震数据体进行处理，构造导向滤波就是在相干计算之前对地震振幅数据进行处理的一种方法。

构造导向滤波是针对叠后地震数据体的一种特殊去噪方法，该法采用"各向异性扩散"平滑算法，即平滑操作只对平行于地震同相轴的信息进行，而对垂直于地震同相轴方向的信息不作任何平滑。它利用地层倾角和方位来确定沿地层进行定向性滤波，利用相干和曲率结果来判断地层主要的不连续性达到边缘检测目的，分析不连续的意义，平滑无意义的不连续，保护有意义的不连续。这种滤波方法能保护断层和岩性边界信息。经构造导向滤波处理后使原始地震中的断续反射变得稳定，成为连续、可追踪的同相轴，但在断层处反射终止形式被保留。构造导向滤波在保持垂向变化的前提下，提高了信噪比，使断点更加清晰（图5-56）。

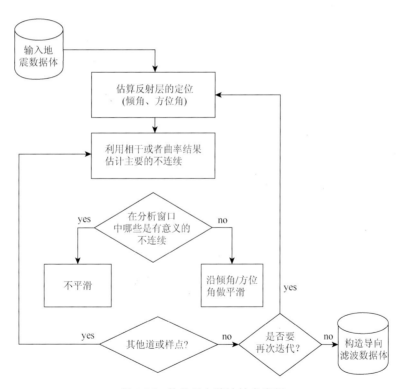

图5-56　构造导向滤波技术流程

对中拐凸起石炭系原始地震数据进行构造导向滤波，然后提取沿层相干切片，得到构造导向滤波之后的相干体裂缝预测结果（图5-57、图5-58）。从平面图上可以看出，经构造导向滤波后，断裂和裂缝的分布趋势几乎没有变化，但是断点更干脆，断裂和裂缝更加清晰，并且在白色背景上出现了更多的黑色蠕虫状区域。

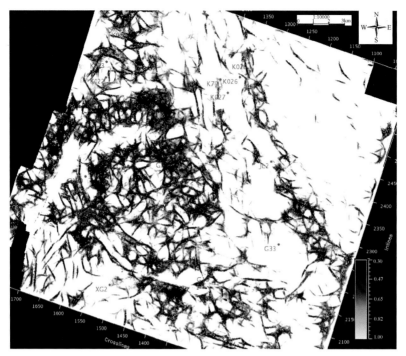

图 5-57　中拐凸起中部石炭系裂缝相干预测（构造导向滤波）

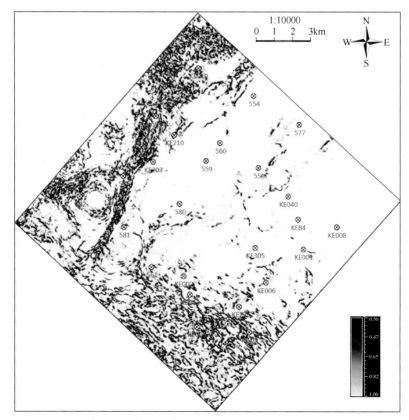

图 5-58　中拐凸起五八区石炭系裂缝相干预测

火山岩的特殊反射结构会掩盖一些裂缝的细微变化，其次相干技术本身有多解性，再加上构造导向滤波对有意义连续的判断不可能百分百准确，这些因素导致上述技术对裂缝的识别存在一定的局限性，可能会出现假裂缝，也可能会掩盖掉某些裂缝，但基本上能够反映出裂缝发育的区域。

2. 曲率属性

曲率属性和裂缝发育的关系体现了岩体褶皱或构造变形时的受力过程，比如地层在受构造力作用褶皱过程中，往往在地震解释剖面上呈现出曲率属性的异常。褶皱弯曲变形的过程改变了地层的长度及体积，从而使整个地层受力，导致顶部拉张和底部压缩，中部为无应变的中和面，左右两边遭受的构造应力差异和水平应力作用导致变形过程中产生复杂的断裂构造，这类曲率属性与裂缝关系密切，也是利用曲率属性进行裂缝检测的基础。

由于实际地层构造特征差异较大，构造形态不同，不同曲率属性对其敏感的程度也不同；裂缝产状及特征不同，曲率属性切片上异常特征也会有所不同，故在进行曲率属性研究中，首先要利用已知裂缝信息对曲率属性进行标定，优选出最适合研究区开展裂缝检测的曲率属性。在研究中发现，中拐石炭系火山岩的众多曲率属性中，最大正曲率最能反应裂缝的发育情况，曲率属性预测的结果与实际吻合度较高，且和相干预测的结果基本较为一致（图 5-59、图 5-60）。

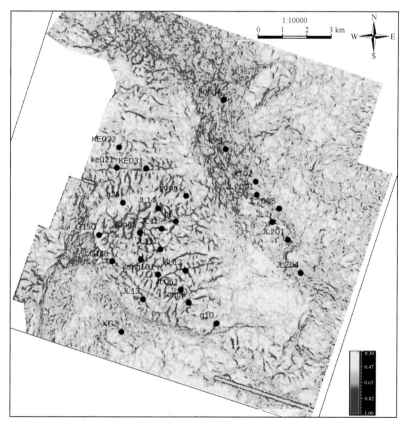

图 5-59　中拐凸起中部石炭系裂缝曲率预测

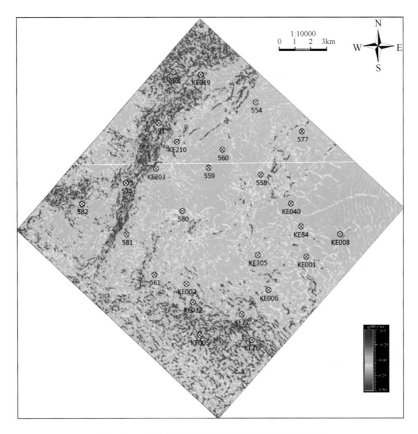

图 5-60　中拐凸起五八区石炭系裂缝曲率预测

　　将三维工区的裂缝地震属性预测结果进行叠合与分析,得到基于地球物理技术的裂缝预测结果(图 5-61),从地震预测的结果看出,研究区石炭系裂缝发育区主要发育于中拐五八区 563 井—591 井—575 井—590—573 井一带、593 井—572 井—568 井—596 井一带、574 井—561 井—K75 井—K77 井一带,中拐凸起中部 K021—H56A 井一带、H019 井—G150井—G148 井—JL10 井—JL11 井—JL6 井一带、JL7 井一带、598 井以西及 G10 井附近区域,中拐东斜坡 K77 井—K010 井—JL4 井—K79 井—K301 井一带以及 JL2 井以南断裂附近。

第五节　火山岩裂缝综合预测与有效性评价

　　裂缝预测是世界性难题。地质类比、古构造应力场反演以及地球物理技术等单一手段的预测结果往往具有一定的局限性,并一般不能全面准确地预测裂缝的分布特征,尤其对于火山岩这类特殊的非常规储层。因此需要采用一定的数学方法,对几种手段的预测结果进行评价,开展裂缝综合预测与评价。权重法是目前较为常用的一种综合评价的手段。

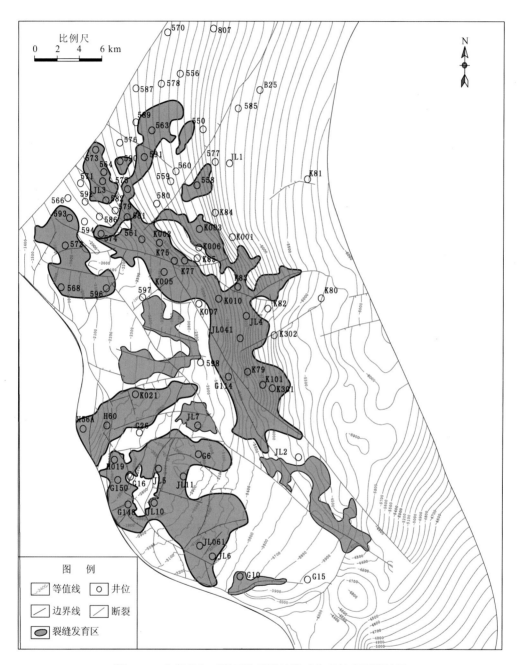

图 5-61　中拐凸起石炭系储层裂缝地球物理技术预测结果

一、裂缝综合评价

1. 权重法基本原理

权重是一个相对的概念，是针对某一指标而言，是被评价对象不同指标的重要程度的定量分配。某一指标的权重是指该指标在整体评价中的相对重要程度。在数学上，为了显示某个指标在评价对象中所具有的重要程度，分别给予不同的比例系数，这就是权重系数。

1）计算模型

实际应用中，线性加权是人们最常使用的一种定量评价方法。其特征是：一个上级指标是所属下级指标的线性函数。设 Y 是一个评价指标，其下级指标集为 $\{y_1, y_2, ..., y_n\}$，则以 $\{y_1, y_2, ..., y_n\}$ 的线性函数计算 Y 的评价值时，有

$$Y = \beta_1 y_1 + \beta_2 y_2 + \cdots + \beta_n y_n \tag{5-4}$$

在一个线性综合评价模型中，如果 $y_1, y_2, \cdots, y_n$ 之间没有因果关系，且互不包容，Y 只是对 $\{y_1, y_2, ..., y_n\}$ 的一个综合概括，没有必然的客观函数关系，从而系数 $\beta_1, \beta_2, \cdots, \beta_n$ 只反映价值主体的一种主观偏好特征，则这时的线性综合评价模型称为线性加权评价模型，β_j 称为指标 y_j 的权重。

2）权重确定方法

常用权重系数确定方法有：主观经验法、单位加权法、加权平均法及灰色关联法等。本书研究主要采用灰色关联法来确定裂缝综合评价的权重系数。

灰色关联分析是事物之间、因素之间的关联性量度，基于母序列和子序列的宏观与微观几何接近，确定母序列和子序列之间的关联系数和关联度，寻求各因素之间的主要关系，明确影响目标值的重要因素。其主要步骤如下。

（1）确定母序列与子序列。根据对研究目标的分析，确定母序列和子序列，设母序列：

$$X_i = \{x_i(1), x_i(2), \cdots, x_i(k), \cdots\} \tag{5-5}$$

子序列：

$$Y_j = \{y_j(1), y_j(2), \cdots, y_j(k), \cdots\} \tag{5-6}$$

（2）初始序列数据预处理。由于系统中各因素的意义不同，需要对各序列进行变化处理，消除量纲和合并数量级处理，使得各序列的量值范围都归于 0~1。常用的标准化方法有初值化变换、极大值变换、均值化变换等。

（3）计算灰关联系数。灰关联系数的计算方法为

$$P_j^k(i) = \frac{\Delta_{\min k} + \delta \Delta_{\max k}}{\left| X_k(i) - Y_j(i) \right| + \delta \Delta_{\max k}} \tag{5-7}$$

式中，δ 为分辨系数，其大小为 0~1，一般取 0.5，$\Delta_{\min k}$ 代表两级最小差，$\Delta_{\min k} = \min_j \min_i \left| X_k(i) - Y_j(i) \right|$；$\Delta_{\max k}$ 代表两级最大差，$\Delta_{\max k} = \max_j \max_i \left| X_k(i) - Y_j(i) \right|$

（4）计算关联度。子序列 Y_j 与母序列 X_i 的关联度为

$$r_{i,0} = \frac{1}{n} \sum_{i=1}^{n} P_j^k(i) \tag{5-8}$$

（5）计算权重系数。

$$a_i = \frac{1}{\sum\limits_{i=1}^{n} r_i} r_i \qquad (5-9)$$

2. 裂缝综合预测与评价

"权重"评价是对一个对象存在的多个影响因素的综合评价，最终得到一个综合评判指数。每种裂缝预测方法都有其一定的合理性，同时又具有一定的局限性，对多种方法预测的结果进行综合分析，采用"权重"评价方法，对各种手段预测的结果进行权重评价，最终确定裂缝发育区。本书研究主要利用地质类比法预测、基于岩石破裂程度理论的裂缝预测以及地球物理技术的裂缝预测，对三种方法的预测结果进行权重分析，对中拐凸起石炭系火山岩裂缝发育规律开展综合预测与评价。

从地质类比法预测结果来看，裂缝发育区位于研究区较大规模断裂带两侧和多组断裂交汇地带，主要分布在中拐五八区 587 井—576 井—573 井—593 井—572 井一带、560 井—559 井—580 井、K75—K77—K85 井一带，中拐凸起中部 K021 井—H56A 井—H019 井、JL7 井—JL11 井—JL10 井一带、JL061 井—JL6 井、G10—G15 井一带以及 598 井以西一带，中拐东斜坡 K83 井—K82 井一带、K007 井—JL041 井—K302 井—K79 井—K301 井一带以及 JL2 井—G15 井之间断裂交汇带。地质类比法是裂缝预测研究最直接和最有效的方法，能对未知区域进行粗略的预测，但是该方法预测的结果对单井数量和资料要求较高，且预测结果宏观性较强，不够详细。

基于岩石破裂程度理论的裂缝预测结果显示，I 级裂缝发育区主要沿着 NW 向、NE 向及近 EW 向断层两侧呈不连续条带状分布，具体位于 589 井—576 井—564 井—592 井一带、594 井—572 井—597 井—K85 井一带、K021 井—H56A 井—JL7—JL10 井—JL6 井—G10 井—G15 井一带、K77 井—K007 井—K79 井—K301 井—JL2 井一带，预测结果与地质地质类比法预测结果相比更为具体。

地球物理技术的裂缝预测结果表明，裂缝发育区主要在中拐五八区 563 井—591 井—575 井—590—573 井一带、593 井—572 井—568 井—596 井一带、574 井—561 井—K75—K77 井一带，中拐凸起中部 K021—H56A 井一带、H019 井—G150—G148 井—JL10 井—JL11 井—JL6 井一带、JL7 井一带、598 井以西及 G10 井附近区域，中拐东斜坡 K77 井—K010 井—JL4 井—K79 井—K301 井一带以及 JL2 井以南断裂附近，地球物理技术预测裂缝的精度较前两种方法更为具体和精确。

在对三种预测结果进行权重评价时，首先将每种预测结果按照主控级别分别赋予相应的值。对每种预测结果的 I 级、II 级、III 级主控级别分别赋值，数值越大表示其主控级别越高。对于地质类比法的预测结果，裂缝发育区的主控级别为 I 级，裂缝较发育区的主控级别为 II 级，分别给予赋值 3、2，其他区域赋值为 1；基于岩石破裂程度理论的裂缝预测结果中，I 级、II 级、III 级裂缝较发育区分别给予赋值 3、2、1；对地球物理技术预测结果而言，预测结果为裂缝发育区的主控级别为 I 级，其他的主控级别为 II 级，分别给予赋值 3、1.5（表 5-7）；利用灰色关联分析法给三种预测结果进行分析，经过数据归一化处理（表 5-8、表 5-9），采用式（5-7）、式（5-8）和式（5-9）分别计算灰关联系数、关联度、权重系数，得到其子序列与母序列之间的关联度 $r_{i,0}=$（0.8946，0.6234，0.3614），得到各评价参量的加权系数 $a_i=$（0.48，0.33，0.19）。三种方法的主控级别赋值结果分别乘以每种方法预测结果级别相对应的加权系数并进行求和，最终的计算结果即为裂缝综合评价与预测的"权重"值。

表 5-7　裂缝综合评级权重赋值表

主控级别	地质类比法预测	基于岩石破裂程度理论裂缝预测	地球物理技术裂缝预测	赋值
I 级	裂缝发育区	I 级裂缝发育区	裂缝发育区	3
II 级	裂缝较发育区	II 级裂缝发育区	其他区域	2（1.5）
III 级	其他区域	III 级裂缝发育区		1

表 5-8　裂缝权重评价参数定量化统计表

井号	有效孔隙度均值/%	地质类比法裂缝预测	基于岩体破裂程度理论裂缝预测	地震属性裂缝预测
H56A	12.6230	3.0000	3.0000	3.0000
JL10	8.5190	3.0000	3.0000	3.0000
563	7.2870	3.0000	3.0000	3.0000
598	4.2535	2.0000	2.0000	1.5000
568	7.5846	2.0000	2.0000	3.0000
G10	6.8230	2.0000	3.0000	3.0000
G16	8.6330	2.0000	3.0000	1.5000
G26	0.9840	2.0000	3.0000	1.5000
H019	14.0490	3.0000	3.0000	3.0000
JL5	1.7960	2.0000	3.0000	3.0000
JL6	10.120	3.0000	3.0000	3.0000
K021	9.9870	3.0000	3.0000	3.0000
G148	7.0630	2.0000	3.0000	3.0000
573	7.9790	3.0000	3.0000	3.0000
574	8.6400	3.0000	3.0000	3.0000
589	7.4140	3.0000	3.0000	1.5000
597	12.3270	2.0000	3.0000	1.5000
581	7.8920	3.0000	2.0000	3.0000

表 5-9　裂缝权重评价参数归一化处理（极大值变换处理）

井号	母序列	子序列		
	孔隙度 φ/%	地质类比	古构造应力场反演	地震属性
H56A	0.8985	1.0000	1.0000	1.0000
JL10	0.6064	1.0000	1.0000	1.0000
563	0.5187	1.0000	1.0000	1.0000

续表

井号	母序列		子序列	
	孔隙度 $\varphi/\%$	地质类比	古构造应力场反演	地震属性
598	0.3028	0.6667	0.6667	0.5000
568	0.5399	0.6667	0.6667	1.0000
G10	0.4857	0.6667	1.0000	1.0000
G16	0.6145	0.6667	1.0000	0.5000
G26	0.0700	0.6667	1.0000	0.5000
H019	1.0000	1.0000	1.0000	1.0000
JL5	0.1278	0.6667	1.0000	1.0000
JL6	0.7203	1.0000	1.0000	1.0000
K021	0.7108	1.0000	1.0000	1.0000
G148	0.5027	0.6667	1.0000	1.0000
573	0.5679	1.0000	1.0000	1.0000
574	0.6149	1.0000	1.0000	1.0000
589	0.5277	1.0000	1.0000	0.5000
597	0.8777	0.6667	1.0000	0.5000
581	0.5617	1.0000	0.6667	1.0000

经过权重计算，"权重"得分值为 2.5～3 的区域属 I 级裂缝发育区，权重值为 2.1～2.5 的区域属 II 级裂缝较发育区，权重得分值为 1～2.1 的区域属 III 级裂缝发育区。根据裂缝综合预测与评价（图 5-62），中拐凸起石炭系 I 级裂缝发育区主要位于中拐凸起中部 K021 部 K021 井—H56A 井、H019 井—G6 井—JL11 井—JL10 井—JL061 井—JL6 井一带及 G10 井区附近，五八区 563 井—591 井一带、573 井—JL3 井一带、593 井—572 井—596 井一带、574 井—K75 井—K85 井一带，中拐东斜坡 K007 井—K010 井——K79 井—K301 井一带及 JL2 井以南地区；II 级发育区分布在中拐五八区、中拐凸起中部及东斜坡区 I 级裂缝发育区外围大部分区域，分布范围相对较广；III 级发育区主要分布在中拐凸起南斜坡、中拐东斜坡南部靠近玛湖拗陷地带以及中拐凸起中部部分地区，这些地区构造变形不强烈，裂缝发育程度差。

二、裂缝有效性及有效裂缝发育区

1. 裂缝有效性

裂缝既是油气的储集空间，又是油气渗流的通道。但并非裂缝的发育程度越高，就对储层的贡献越大。裂缝对于储层的作用主要取决于裂缝的有效性，裂缝的有效性越好，对储层的贡献也越大。裂缝是否有效，主要取决于它的充填程度、张开程度及与现今主应力的方向等因素。

1）裂缝充填情况与有效性

裂缝充填程度与有效性是呈负相关的，裂缝充填程度越高，对油气渗流的作用越小，有效性越差，充填程度越低，对油气渗流作用越大，有效性越好。

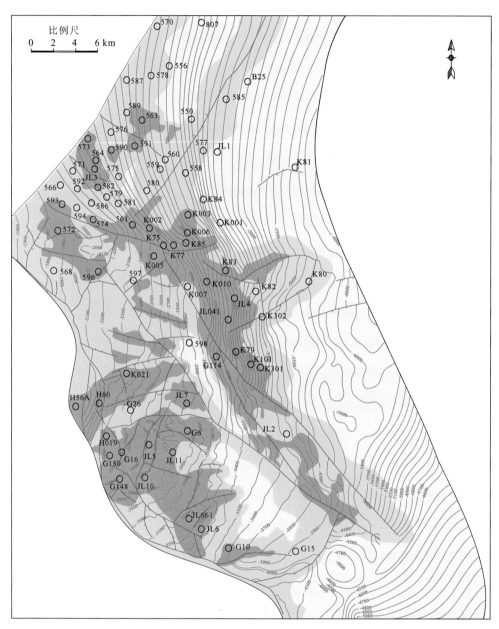

图例　⌇等值线　○井位　╱边界线　╱断裂　■ I 级发育区　▨ II 级发育区　□ III 级发育区

图 5-62　中拐凸起石炭系储层裂缝综合预测结果

从研究区的裂缝充填程度来看，中拐凸起石炭系火山岩中约 47.7%的裂缝被完全充填，32.6%被半充填，只有 19.7%的裂缝未被充填，而未充填缝及半充填缝大部分为高角度缝和斜交缝，因此，从充填程度来说，高角度缝和斜交缝有效性相对较好。

根据裂缝期次研究的结果，研究区裂缝的形成共有四期，其中华力西中—晚期构造运动所形成的平面"X"型共轭剪切缝、剖面"X"型共轭剪切缝、高角度张性缝在研究区广泛发育，此类裂缝规模大，延伸远，数量多；此外华力西晚期构造运动产生的断层伴生缝在断裂附近也较为发育，而印支期及燕山期—喜马拉雅期构造运动所形成的裂缝规模较小，延伸不远，数量也不及前两期裂缝。这四期裂缝中，华力西中期构造运动产生的第一期裂缝较为发育，但是其形成时间早，充填程度较高，此类裂缝中未充填和半充填的直立缝具有一定的有效性；印支期及燕山期—喜马拉雅期构造运动形成的裂缝形成时间晚，充填程度差，但是其规模小、数量少，其对流体储渗能力影响程度有限，有效性一般；而华力西晚期构造运动形成的高角度剪切缝、斜交缝及张性缝规模大，数量多，形成时间晚于第一期裂缝，充填程度较第一期裂缝差，在研究区有效性最好。这与钻井过程中的油气显示情况较为吻合，研究区多数钻井中半充填或未充填的高角度缝和斜交缝中具有明显的含油（或沥青充填）现象，也表明此类裂缝为研究区的有效裂缝。

2）现今地应力与裂缝有效性

现今地应力对裂缝有效性的影响表现在：即使不能形成新的裂缝，也能对原来已经存在的天然裂缝进行一定的改造；如果现代最大水平主应力方向与裂缝的走向方位一致或者近似平行，则可在一定程度上使原来较为闭合的裂缝重新张开；如果现代最大水平应力方向与裂缝的走向垂直或者大角度相交，则会使裂缝的张开度减小，甚至闭合。

对研究区钻至石炭系火山岩的井资料进行统计,得到典型探井现今最大水平主应力的方向（表 5-10、图 5-63），研究区石炭系现今最大水平主应力方向为近 EW 向（270°±10°）。

表 5-10　石炭系现今最大水平主应力统计表

井号	现今最大水平主应力方向
JL5	近东西向（EW）（275°～280°）
598	北西西/南东东（NWW/SEE）（280°～285°）
JL6	近东西向（EW）（260°～280°）
K021	北北东/南南西（NNE/SSW）（20°～30°）
H019	近东西向（EW）
596	北西西/南东东（NWW/SEE）
G6	近东西向（EW）

从典型井成像测井解释及裂缝预测的结果来看，研究区的裂缝走向方位主要为 NE（45°±15°）、近 EW（85°±10°），其次是 NW（295°±15°）向（图 5-64），少量裂缝走向为近 SN（0°±10°）向。单井的裂缝方位与现今最大水平主应力方位的对比分析可以看出，近 EW 向（85°±10°）裂缝与现今最大水平主应力（270°±10°）方向一致，该方位裂缝在井下开启程度最高，连通性好，渗透率高，裂缝的有效性最好，而 NE（50°±15°）向

和 NW（295°±15°）向裂缝与现今最大主应力方向呈小角度相交，这两个方向的裂缝也具有一定的有效性，而近 SN（0°±10°）向裂缝与最大水平主应力方向夹角大，在井下开启程度最低，渗透率最小，有效性最差。

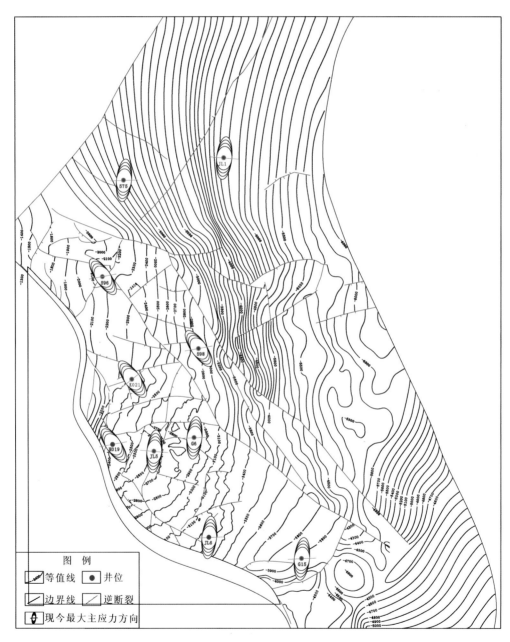

图 5-63　中拐凸起石炭系现今最大水平应力分布图

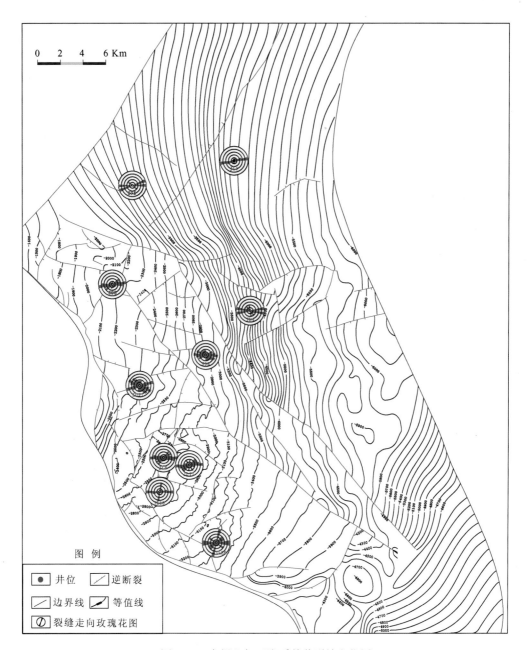

图 5-64　中拐凸起石炭系单井裂缝方位图

2. 有效裂缝发育区

中拐凸起石炭系火山岩中，与现今最大水平主应力方向（近 EW 向）近于平行的近 EW（85°±10°）裂缝有效性最好，与现今最大主应力方向呈小角度相交而 NE（50°±15°）向和 NW（295°±15°）向裂缝也具有一定的有效性。

　　依据裂缝有效性研究认识，结合岩心观测、薄片鉴定、裂缝主控因素分析、裂缝成因机制研究、裂缝综合预测、单井成像测井解释以及生产测试资料，运用构造地质原理及地质规律对有效裂缝分布进行系统的分析，最终对中拐凸起石炭系火山岩储层中有效裂缝在区域上的分布规律进行了探讨与研究，明确了研究区有效裂缝的发育范围和发育规律（图 5-65）。

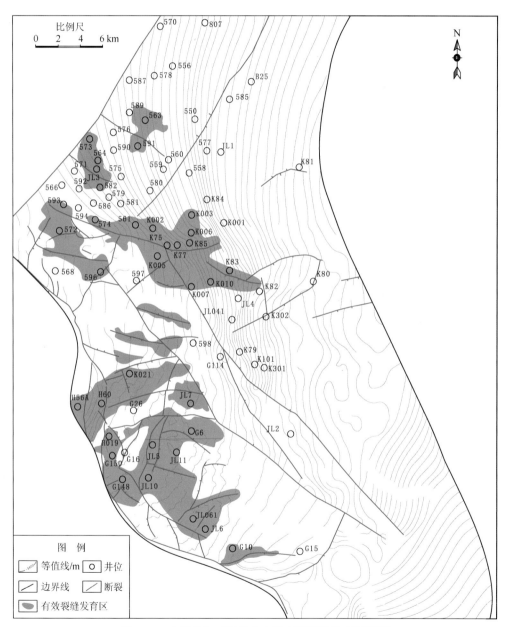

图 5-65　中拐凸起石炭系火山岩有效裂缝发育区预测

　　有效裂缝主要分布于中拐五八区 563 井—591 井一带、573 井—582 井一带、593 井—572 井—596 井一带以及 574 井—K75 井—K010 井一带，中拐凸起中部 K021 井—H56A

井一带、JL7 井周围、H019 井—G150 井—G148 井—G6 井—JL11 井—JL060—JL6 井一带以及 G10 井区附近。总体上，有效裂缝发育区位于近 EW 向主控断裂及内部 EW 向次级断裂附近，沿断裂延伸方向呈不连续的条带状展布。受 EW 向断裂的影响，断裂带附近不仅存在区域上广泛发育的近 EW 向早期平面剪切缝，而且在断裂带周围近 EW 向断层伴生缝发育也较为集中，近 EW 向裂缝集中发育区与近 EW 向的现今最大主应力匹配，使得中拐凸起近 EW 向裂缝开启程度最高，是研究区有效性最好的裂缝。

第六章　中拐凸起石炭系火山岩储层表征

火山岩储层的发育不仅与火山岩本身的特征有关,更与其后期所受到的外界环境有关。火山岩本身的特征包括发育的晶间孔、粒间孔及气孔等相互不连通,储集性能较差;外界因素包括构造运动、风化淋滤作用以及成岩作用等,经过这些外界因素的改造,才能形成各种次生孔隙和各类裂缝,这些相互交织的孔、洞、缝系统有利于火山岩储层的发育。

中拐凸起自石炭纪火山岩形成以来,火山岩体曾长时间暴露地表,经历了强烈的风化淋滤和构造运动改造,岩体内部发育大量的次生溶孔以及各类裂缝,使得该区火山岩储集空间类型多样,孔喉结构复杂,裂缝分布非均质性强,储集性能差异大,储层发育规律把握难度较大。

第一节　火山岩储层基本特征

一、火山岩储层储集空间

在岩心观测、薄片鉴定、扫描电镜分析等研究工作的基础上,参照《火山岩储集层描述方法》,结合中拐凸起石炭系火山岩储层的实际特征,将火山岩储集空间类型划分为原生储集空间和次生储集空间两大类(表6-1)。

表6-1　中拐凸起石炭系火山岩储集空间类型表

储集空间类型		主要岩石类型	成因	特征及识别标志
原生储集空间	孔隙 — 原生气孔	玄武岩、安山岩、火山角砾岩、角砾熔岩	成岩过程中气体膨胀溢出	圆形、椭圆形、压扁伸长性,孔壁可不规则但较圆滑;大多数呈孤立状,少数串珠状
	晶间孔	玄武岩、安山岩、碎屑角砾熔岩	斑晶聚集体间未被充填的空间	形状不规则,多发育于火山碎屑组分之间
	残余气孔	角砾熔岩、熔岩	充填气孔的矿物沿孔壁生长,未被完全充填	形态多为长形或多边形,边缘多为棱角状、不规则状
	裂缝 — 冷凝收缩缝	火山熔岩	冷凝收缩及淬火作用以及火山碎屑物成岩收缩作用	比较发育,分布不均匀,分布在各次岩流层的上部
	砾缘缝	角砾化熔岩次火山岩	自碎角砾化熔岩和次火山岩隐爆而成	有复原性,角砾化岩石及部分浅层侵入岩中常见
次生储集空间	孔隙 — 斑晶溶孔	各类斑晶、微晶火山岩	火山喷出岩浆冷凝过程形成的不稳定斑晶经溶蚀而形成	位于斑晶、微晶内部,形状多不规则
	基质溶孔	熔岩、熔结角砾岩、角砾熔岩及凝灰岩	地表水淋滤或地下水溶蚀熔岩基质和细粒火山灰、火山尘而形成	不规则,个体小,发育于熔岩基质或细粒火山碎屑中
	杏仁体溶孔	气孔玄武岩、安山岩及凝灰岩	火山喷出岩残余孔中方解石等充填矿物物后经交代溶蚀	在气孔玄武岩、安山岩、凝灰岩中常见,孔径差异大

续表

储集空间类型		主要岩石类型	成因	特征及识别标志
次生储集空间	孔隙			
		交代物溶孔	各类火山岩	火山岩物质被其他矿物选择性交代，后又被溶解	孔径细小，多集中发育
		粒内溶孔	各类火山岩	地表水淋滤或地下水溶蚀长石晶体（斑晶、晶屑）及岩屑内组分等	分布于长石及岩屑的内部或边缘，在长石内多沿解理缝分布，形状多不规则
		粒模孔	各类火山岩	岩屑、单个或多个长石晶体被地表水淋滤或地下水溶蚀而成	保留长石斑晶或晶屑以及刚性或塑性岩屑的外形
		粒间溶孔	熔结角砾岩、角砾熔岩、火山角砾岩	沿粒间孔遭地表水淋滤或地下水溶蚀而成	形状不规则，常与其它孔、缝相互连通，单个孔隙较大
	裂缝	构造缝	各类火山岩	岩石受构造应力作用形成	常成组出现，具方向性，交叉切割，连通其他孔隙
		溶蚀缝	各类火山岩	地表水淋滤或地下水溶蚀颗粒和基质	不具方向性，缝壁不规则
		风化缝	各类火山岩	风化剥蚀而形成	形态极不规则，常被方解石或泥质充填，发育于火山岩体顶部

1. 原生储集空间

1）原生储集空间

原生储集空间主要包括气孔（原生气孔、残余气孔）、晶间孔及原生裂缝等。

（1）气孔，是中—基性熔融态岩浆在喷溢至地表后，其中包裹的气态产物因压力降低导致挥发份逸出，在岩体内形成大小不等、分布不均的空隙空间。气孔的形态有圆形、椭圆形、葫芦形、哑铃形及不规则形；根据气孔充填程度可以分为原生气孔和残余气孔，其中原生气孔是本区火山熔岩的主要储集空间，在喷溢相玄武岩及安山岩中最为发育，其最大孔径在 8mm 以上，一般为 0.5～3mm，气孔最多可占岩石总体积的 30%以上，一般占 10%～15%。原生气孔在火山岩中常呈孤立无序、团块状分布，连通性差（图 6-1），若气孔在后期被方解石、沸石及绿泥石等矿物部分充填，即为残余气孔（图 6-2），残余气孔孔径细小，多数粒径在 0.1mm 以下；若气孔被完全充填，则成为杏仁体，基本失去储集油气的能力。孤立的原生气孔往往被原生裂缝或者构造运动中产生构造缝切穿，导致气孔间相互连通而成为有效的储集空间。

 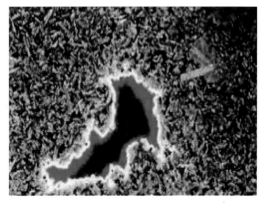

图 6-1　原生气孔，JL63511.42m，C，岩心　　图 6-2　残余气孔，JL103081.23m，C，4×10（-）

（2）晶间孔，发育于喷发岩的斑晶与斑晶之间（图 6-3）。晶间孔孔径较小，一般小于 0.2mm，形态不规则。

（3）收缩孔，火山岩冷凝成岩时，火山玻璃或充填于岩体内部空间中的组分，由于温度变化引起热胀冷缩而形成的孔隙（图 6-4）。

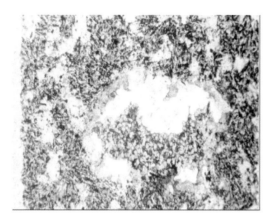 

图 6-3　晶间孔，K0213904.5m，C，4×10（-）　　　图 6-4　收缩孔，G162828.83m，C，4×10（-）

2）原生裂缝

（1）冷凝收缩缝，岩浆冷凝过程中通常表层的温度要比地表常温高得多，容易出现淬火效应，尤其是当炙热的岩浆与水体相遇时，容易产生剧烈的淬火效应从而产生冷凝收缩缝。

（2）砾缘缝，主要发育于火山角砾化熔岩和次火山岩体内。这类砾缘裂缝具有明显的复原性且常被某些矿物质所充填，有效储集空间相对较少，对火山岩储层贡献较小。

2. 次生储集空间

次生孔隙主要有基质溶孔、斑晶溶孔、粒间溶孔、粒内溶孔及粒模孔等，次生裂缝主要有构造裂缝、风化缝及溶蚀缝等。

1）次生孔隙

次生孔隙主要是火山岩在成岩作用过程中由于温度、压力、溶液、酸碱度等的变化而使岩体中一种或几种组分部分或者全部被溶蚀而产生的各类孔隙。

（1）斑晶溶蚀孔，发育于玄武岩和安山岩中，由长石斑晶被溶蚀而形成，呈蜂窝状和筛孔状（图 6-5）。

（2）基质溶蚀孔，喷溢相安山岩及玄武岩中较为常见，基质常由玻璃质与微晶长石构成，微晶长石容易黏土化溶蚀，形成基质溶孔（图 6-6、图 6-7），是火山岩良好的储集空间。

（3）粒内溶孔，在喷溢相安山岩、爆发相火山角砾岩和凝灰岩中最为常见，其形态多不规则，常呈港湾状（图 6-8），主要是凝灰岩、火山角砾及火山晶屑等在遭受成岩溶蚀作用后形成的孔隙。

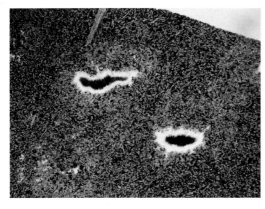

图 6-5　斑晶溶蚀孔，G10 3880.4m，C，4×10（-）　　图 6-6　基质溶蚀孔，JL53351.32m，C，5×10（-）

图 6-7　基质溶蚀孔，5983412.74m，C，4×10（-）　　图 6-8　粒内溶孔，G10 3898.74m，C，2.5×10（-）

（4）粒间溶孔，发育于安山岩及火山角砾岩中，主要为粒间基质受到大气水或淡水淋滤而形成，形态呈伸长状或不规则状，孔径为 0.15～0.5mm（图 6-9）。

（5）粒模孔，在火山碎屑岩中可见此类孔隙，主要是火山岩体中原来某种组分被全部溶蚀掉，但仍保留原组分外形的孔隙空间（图 6-10）。中拐凸起石炭系火山岩中发育的粒模孔主要为长石铸模孔，数量不多，仅在局部井段发育。

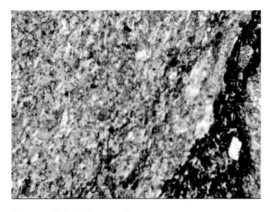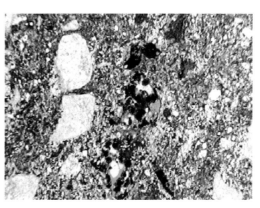

图 6-9　粒间溶孔，597 井，2580.15m，C，4×10（-）　　图 6-10　粒模孔，JL53350.8m，C，4×10（-）

（6）杏仁体溶蚀孔

杏仁状安山岩及玄武岩中可见此类孔隙，杏仁体中方解石、绿泥石及沸石等充填物遭受溶蚀作用而形成。

2）次生裂缝

（1）构造缝，指在构造应力作用下形成的缝隙，可将其他原生孔隙或次生孔隙连通起来（图6-11、图6-12），成为流体渗流通道和储集场所，有效改善火山岩的储集性能。

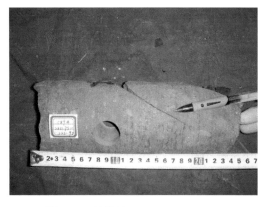 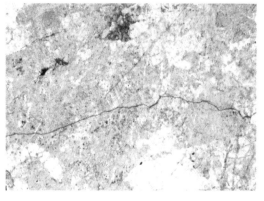

图6-11　溶蚀缝，5892211.72m，C　　　图6-12　微裂缝，JL5井2942.98m，C，4×7（-）

（2）溶蚀缝，在原有构造裂缝、矿物解理缝以及原有微裂缝基础上发育而成的裂缝。

（3）风化缝，主要发育于石炭系不整合面附近，由于风化淋滤作用而产生，形态与构造缝相比极不规则，常呈马尾状、雁行式、叶脉状，延伸较短，风化缝与其他原生储集空间及次生储集空间交错相连，将火山岩体切割成不完整的各类碎块。不整合面附近的风化缝内常被紫红色铁质或泥质半充填或充填，其油气储集贡献不大，当它未完全充填时，可形成较好的储集空间（图6-13）。

图6-13　风化缝，G26，3010-3014m，C，岩心

从岩心及薄片观察的情况来看，原生储集空间和次生储集空间多以组合形式出现，主

要的组合形式有溶孔-收缩缝-粒间孔型、气孔-溶孔-溶缝型、溶孔-裂缝型气孔-风化缝型等。溶孔-收缩缝-粒间孔型组合主要发育于火山角砾岩中及火山碎屑岩中，其孔缝组合为粒内孔-构造缝-基质溶蚀孔以及粒内孔-气孔-构造缝-基质溶蚀孔；气孔-溶孔-溶缝型组合主要发育于富气孔安山岩溢流相中；溶孔-裂缝型组合主要发育于贫气孔的安山岩中，而气孔-风化缝型组合主要发育于风化壳顶部。

二、火山岩储层物性特征

1. 储层孔渗分析

中拐凸起石炭系火山岩岩性比较复杂，主要有安山岩、凝灰岩、火山角砾岩、玄武岩和花岗岩等。根据对研究区 800 余个火山岩储层物性样品实测数据的统计（图 6-14、图 6-15），90%的岩心样品孔隙度为 2%～12%，最大孔隙度可达 30.37%，平均孔隙度值为 6.79%；80%左右的样品渗透率 $0.1 \times 10^{-3} \sim 1 \times 10^{-3} \mu m^2$。

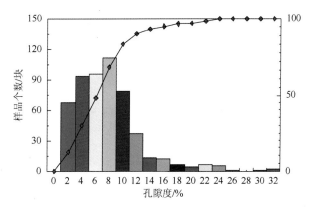

图 6-14　石炭系火山岩孔隙度分布频率图

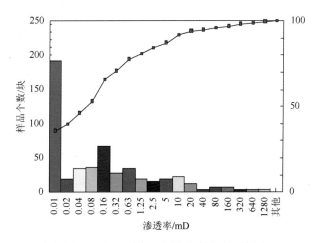

图 6-15　石炭系火山岩渗透率分布频率图

储集岩的孔渗关系一定程度上可以反映储层物性特征及孔隙类型。在火山岩类储集岩中，其原生孔隙主要为原生气孔和晶间孔，该类孔隙连通性差，孔隙有效性较差；火山岩的主要储集空间为次生孔隙（溶蚀孔隙）和裂缝，以往的研究表明，裂缝的存在对于储层渗透性能的改善比较明显，而对于孔隙度的改善程度较弱。因此，可以通过对火山岩孔隙度与渗透率相关性分析，判断其主要孔隙类型是以原生气孔或晶间孔为主，还是以次生的裂缝或溶孔为主。

根据区内石炭系探井资料，选取了 9 口取心井共计 1486 个孔隙度测试样品，从火山岩样品孔隙度与埋深(图 6-16)关系可以看出，区内火山岩样品埋深主要位于 500～4500m，其孔隙度和渗透率随埋藏深度的增加变化不明显（部分渗透率随深度的增加有增大的趋势，实为裂缝发育导致），各类火山岩在不同深度均可形成有利储层，说明埋深对储层物性的影响不大。

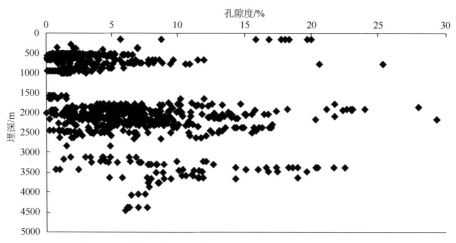

图 6-16　中拐凸起石炭系火山岩储层埋藏深度与孔隙度关系

从石炭系火山岩孔隙度和渗透率相关关系看出（图 6-17），随着孔隙度的增加，渗透率变化规律性不强，由于微裂缝或裂缝的存在，少数样品具有明显的低孔高渗的现象，孔渗相关系数仅为 0.4257，相关性不强，表明裂缝对储层的改善作用较为明显。

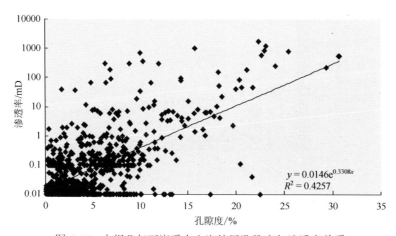

图 6-17　中拐凸起石炭系火山岩储层孔隙度与渗透率关系

由物性特征及孔渗分析结果，结合岩心、薄片鉴定资料可知，中拐石炭系火山岩储集空间主要以次生溶蚀孔隙及裂缝为主，其孔隙度及渗透率低，孔渗相关性不强，储层总体为孔隙-裂缝型储层及裂缝型储层，裂缝对储层的改造作用十分显著。

2. 火山岩储层孔隙结构

在孔隙度和渗透率等物性参数研究的基础上，还需进一步研究储层的孔隙及喉道类型、连通性及分布特征，即需要研究孔隙结构特征。孔隙结构研究是微观物性研究的核心，目前主要通过铸体薄片观察、扫描电镜分析、图像分析、毛管压力曲线特征等手段来进行研究，其中压汞法测得的毛管压力曲线是研究微观孔隙结构最为经典和实用的方法。

通过对中拐凸起石炭系 7 口典型探井的 156 个岩样的压汞曲线形态及特征参数分析，认为储层毛管压力曲线总体上孔喉偏细，分选较差。储层饱和度中值压力为 2.86~18.65MPa，平均值为 11.59MPa；中值半径为 0.05~0.36μm，平均值为 0.078μm；储层排驱压力 0.02~8.91MPa，平均值为 2.67MPa，最大孔喉半径为 0.06~58.23μm，平均值为 1.23μm，平均毛管半径为 0.036~13.58μm，平均值为 0.38μm。

根据不同岩样毛管压力曲线形态及各特征参数，将本区火山岩储层分为三种孔隙结构类型（表 6-2、图 6-18）。

表 6-2　中拐凸起石炭系火山岩储层孔隙结构分类

分类	数值	渗透率（×10^{-3}μm^2）	孔隙度/%	喉道半径均值/μm	分选系数	最大进汞饱和度/%	排驱压力/MPa	比例/%
I 类	最小值	<0.01	1.56	0.25	0.98	54.92	0.21	27.3
	最大值	606	19.9	3.22	3.85	82.54	2.94	
	平均	9.42	9.65	1.56	2.56	78.89	0.92	
II 类	最小值	<0.01	0.98	0.2	1.25	43.73	0.68	46.9
	最大值	62	9.45	1.24	3.25	65.47	2.57	
	平均	1.01	5.12	0.72	1.95	57.48	1.98	
III 类	最小值	<0.01	0.56	0.09	0.58	22.58	1.02	25.8
	最大值	22.51	6.35	0.86	1.48	56.12	5.58	
	平均	0.58	2.69	0.35	0.92	39.46	3.53	

（1）偏粗态型（I 类）：该类孔喉表现为排驱压力小，汞饱和度中值压力低，最大进汞饱和度值高。曲线整体呈向左下靠拢，凹向右上，略有平台，孔喉歪度偏粗，平均非饱和孔隙体积为 38.87%，饱和度中值压力平均为 4.51MPa，平均中值半径为 0.132μm，排驱压力平均为为 1.48MPa，最大孔喉半径平均值为 0.856μm，平均毛管半径平均值为 0.87μm，退汞效率平均值为 35.35%。

I 类孔喉结构以砾间孔、晶间孔、次生溶孔、气孔与微孔组合为主，孔隙及微裂缝发育。统计该类的样品孔隙度平均为 9.65%，渗透率平均为 9.42×10^{-3}μm^2，主要发育

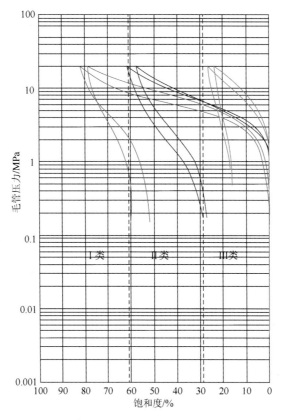

图6-18 中拐凸起石炭系火山岩储层孔隙结构

在火山角砾岩、火山角砾熔岩及部分安山岩等岩类中，是研究区火山岩储层最好的孔隙结构。

（2）偏细态型（II 类）：该类孔喉表现为排驱压力较小，汞饱和度中值压力较高，最大汞饱和度值较高。曲线整体呈一斜线，无明显平台，表明分选较差、歪度较细。II 类孔喉结构平均非饱和孔隙体积为 60.53%，饱和度中值压力平均值为 9.75MPa，平均中值半径为 0.081μm，排驱压力平均值为 1.98MPa，最大孔喉半径平均为 0.254μm，平均毛管半径平均值为 0.51μm，退汞效率平均值为 23.65%。

II 类孔隙结构主要以溶孔、微裂缝与微孔组合为主，孔隙较为发育，储渗能力较强。统计该类的样品孔隙度平均为 5.12%，渗透率平均为 $1.01 \times 10^{-3} \mu m^2$，主要发育在安山岩、凝灰质岩类及部分火山角砾熔岩中，也是研究区火山岩储层中较好的孔隙结构。

（3）细态型（III 类）：该类孔喉表现为排驱压力较高，汞饱和度中值压力较高，最大进汞饱和度值较低。曲线整体向右上靠拢，凹向左下，不发育平台段，说明分选差、歪度细。III 类孔隙结构平均非饱和孔隙体积 72.14%，排驱压力值平均为 3.53MPa，最大平均孔喉半径值为 0.142μm，平均毛管半径为 0.21μm，退汞效率平均值为 15.34%。

III 类孔隙结构主要以溶孔与微孔组合为主，与 II 类孔隙结构相比，III 类孔隙结构中孔隙发育程度一般，裂缝发育程度一般，有一定的储集能力。该类的样品孔隙度平均值为 2.68%，渗透率平均值为 $0.58 \times 10^{-3} \mu m^2$，主要发育在玄武岩、花岗岩及部分致密凝灰质岩类中，是研究区火山岩储层中较差的孔隙结构。

在这三种孔隙结构类型中，具 I 类孔隙结构的储层排驱压力值最小，其岩石样品孔隙度、渗透率、喉道半径均值以及最大进汞饱和度值最大，物性最好，而 II 类、III 类孔隙结构渗透率、孔隙度、喉道半径均值和最大进汞饱和度值依次减小，其排驱压力值也依次增大，物性较 I 类孔隙结构的储层变差。样品的统计结果表明，中拐凸起火山岩储层中 II 孔隙结构最多，占 46.9%，I 类和 III 类次之，分别占 27.3%和 25.8%。

第二节　火山岩风化壳（古地貌）特征及展布

风化壳是指基岩裸露地表，其上部经长期风化破坏（物理的、化学的和生物的）而形成的成熟与未成熟的、未经搬运或未发生位移，在原地形成的一种特殊的沉积地质体。风化壳形成后，如果被后来的堆积物所覆盖而保存下来，称为古风化壳。风化壳下面未经风化而完整的岩石叫基岩，基岩露出地表叫露头。

准噶尔盆地自石炭纪以来，依次经历了华力西运动、印支运动、燕山运动以及喜马拉雅运动，形成多个不整合面。准噶尔西北缘地区从早石炭世开始发育前陆冲断带，中生代沉积前经受约 50Ma 的沉积间断，包括中拐凸起在内的石炭系火山岩在沉积盖层覆盖之前遭受了强烈的挤压破碎作用和风化淋滤作用，使该区普遍发育火山岩风化壳，各种岩性的火山岩经过长时间强风化均可形成风化壳储层，为油气成藏提供有效的储集空间。

风化壳的发育受岩性、气候环境、不整合、古地形、时间等因素影响，火山岩风化壳结构的研究自 20 世纪 90 年代逐渐引起重视。总体上来看，一个理想的风化壳垂向结构，自上而下依次为风化黏土层、强风化的风化碎石带、弱风化的风化块石带、微风化的风化裂隙带，最下部为未风化带，各层之间为逐渐过渡。不同的学者根据风化壳的发育情况，有不同的划分方案。Aweierbuhe 等以风化地层学为指导，从地球化学的角度将风化壳自上而下划分为土壤层、水解带、淋滤带、崩解带和母岩五个部分；张年富等（1998）根据孔隙度与深度关系将火山岩风化壳分为沉积盖层带、风化壳上带、风化壳下带和致密火山岩带；刘俊田（2009）根据风化特征将风化壳自上而下划分为风化黏土层、强风化碎石层（上带）、弱风化块石层（下带）、母岩四个部分。

1. 火山岩风化壳结构

结合前人已有的划分成果，结合中拐凸起石炭系火山岩钻井岩心描述、测井响应特征、元素测量结果及物性特点，将该区风化壳纵向上的结构划分为风化黏土层、强风化带、弱风化带及致密未风化带四个组成部分（图 6-19），各带之间渐变过渡，风化黏土层带位于最上部，是风化作用改造下形成的细粒残积物，多为紫灰色、褐色的泥土，无层理，风化黏土层受岩性、气候、暴露时间等因素影响，不同构造部位该层发育程度不等，厚度从几米到十余米不等，在测井曲线上显示低电阻率、深浅电阻率曲线近"箱状"且无幅度差、低密度、高声波时差等，可据此划分风化黏土层；强风化带风化破碎较严重，溶蚀孔洞、构造裂缝发育，孔隙度及渗透率均较大；弱风化带风化程度较强风化带弱，孔隙度及渗透率明显降低；致密未风化带位于弱风化带下部，岩体几乎未受风化，岩体完整性好，岩性致密坚硬，孔渗性能最差。

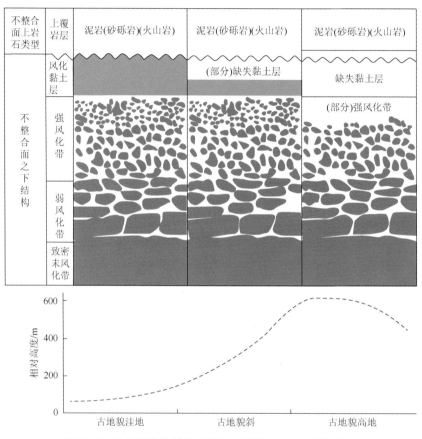

图 6-19　风化壳结构划分（据邹才能等，2011，有修改）

　　以 JL10 井、597 井为例，结合岩心观测、成像测井及物性参数对其风化壳垂向结构进行划分。597 井钻遇石炭系的深度为 2559～3040m，钻遇石炭系厚度约 481m，土壤层深度为 2559.1～2573.5m，厚度为 14.4m，与 JL10 井相比保存较完整；强风化带深度为 2573～2766m，厚度约为 193m，岩心孔隙度为 3.69%～21.49%，平均值为 13.35%，在井深 2588～2610m、2755～2779m 处试油，结果为水层；弱风化带深度为 2766～2998m，钻遇该带 232m，岩心孔隙度为 0.55%～14.83%，平均值为 7.91%，该带钻井过程中无油气显示；未风化基岩从井深 2998m 开始，该段岩性较为致密，几乎不受风化淋滤作用的影响（图 6-20）。

　　JL10 井钻遇石炭系的深度为 2994～3330m，共钻遇石炭系厚度约 336m，土壤层厚度为 2994.0～2999m，厚度较薄，保存不完整，为非储集层；强风化带为 2999～3181m，厚度约为 182m，测井曲线多呈箱型，显示为高自然伽马、低电阻率、低密度、高中子、高声波时差，成像测井显示高角度构造缝、网状缝发育，测井孔隙度为 0.48%～10.46%，平

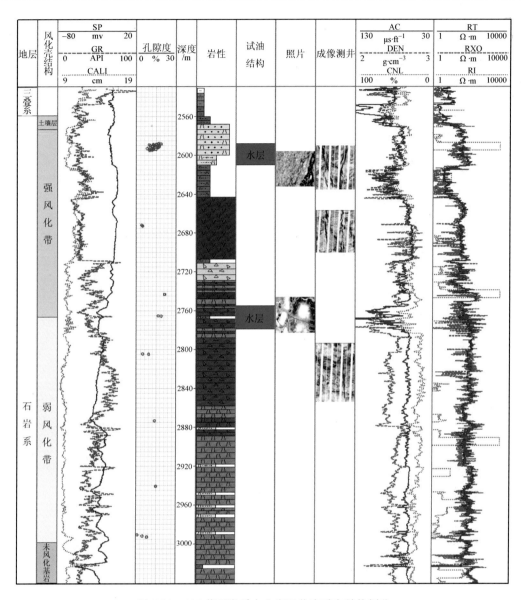

图 6-20 597 井石炭系火山岩风化壳垂向结构划分

均值为 4.12%，该井在深度 3138～3156m 处试油，获日产油 17.28t，获日产气 0.313×10⁴m³；弱风化带范围为井深 3181～3330m，共钻遇该带 149m（钻井未钻穿弱风化带），该带测井曲线锯齿化剧烈，显示为自然伽马值高于母岩低于强风化段，密度、中子、声波测井值中等，电阻率较高，成像测井显示岩石完整性较好，测井孔隙度为 0.42%～4.32%，平均值为 2.87%，该带在井深 3312～3319m 处试油，获日产油 20.16t，获日产气 0.244×10⁴m³，获日产水 27.84m³（图 6-21）。

2. 火山岩风化壳展布特征

以单井分析为基础，建立典型井连井剖面，开展火山岩风化壳纵向及横向展布及发育特征研究。

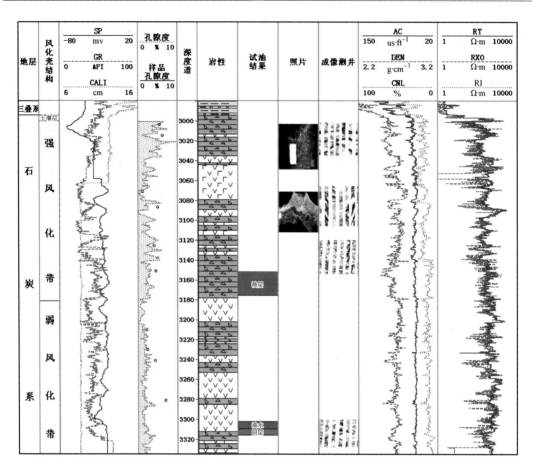

图 6-21　JL10 井石炭系火山岩风化壳垂向结构划分

1）H56A 井—K021 井—598 井连井剖面

H56A 井—K021 井—598 井为中拐中部地区由南西向北东的剖面（图 6-22），位于南西方向的 H56A 井和 K021 井岩性均为火山角砾岩，其石炭系强风化带厚度均为 190～195m，而北东方向 598 井石炭系岩性为安山岩，其强风化带厚度约 160m 左右，由南西向北东强风化带厚度由厚变薄。

2）G148 井—G16 井—598 井连井剖面

G148 井—G16 井—598 井为中拐地区中部由南西向北东的剖面（图 6-23），位于南西向 G148 井和 G16 井石炭系岩性均为安山岩，其强风化带厚度普遍在 180m 左右，向北东方向 598 井石炭系岩性同为安山岩，但其强风化带厚度约 160m 左右，强风化带厚度也呈现出从南西向北东方向由厚逐渐减薄的变化趋势。

3）JL10 井—JL6 井—G10 井连井剖面

JL10 井—JL6 井—G10 井为研究区由北西向南东向剖面（图 6-24），JL10 井石炭系岩性为火山角砾岩，强风化壳厚度约 190m，中部 JL6 井石炭系岩性为安山岩，强风化壳厚度约 158m，G10 井石炭系岩性为安山岩，钻遇强风化带厚度为 120m（未钻穿），强风化带厚度呈现出从北西向南东方向由厚逐渐减薄的变化趋势。

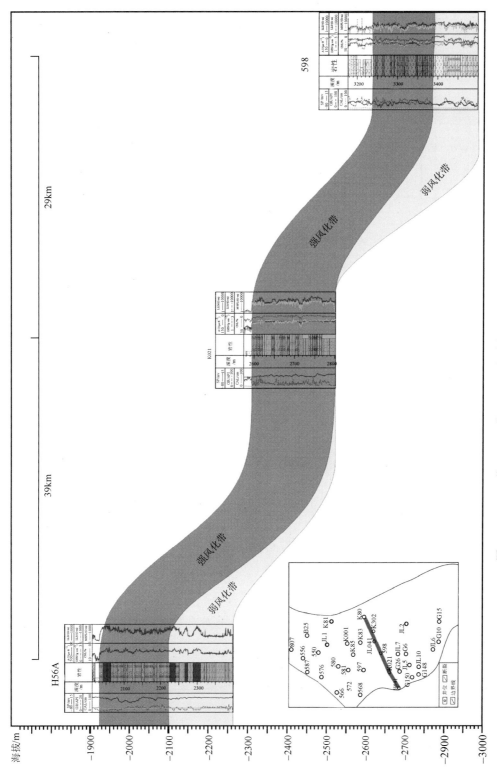

图 6-22　H56A 井—K021 井—598 石炭系火山岩风化壳发育连井剖面

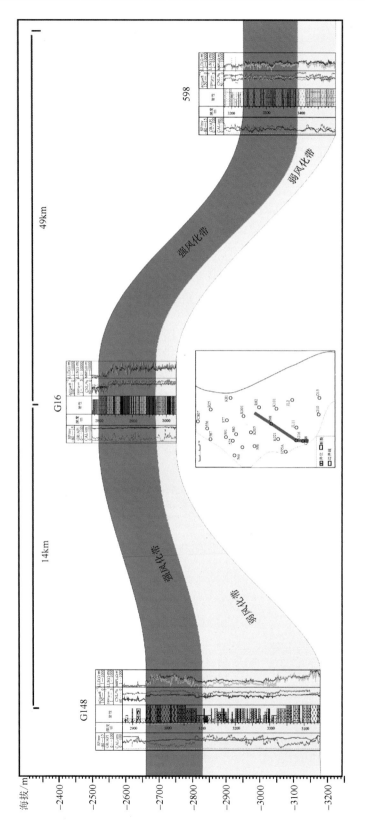

图 6-23 G148—G16—598 石炭系火山岩风化壳发育连井剖面

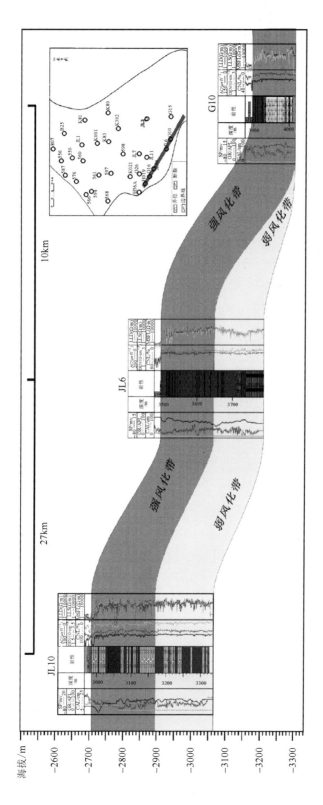

图 6-24 JL10-JL6-G10 石炭系火山岩风化壳发育连井剖面

　　单井及连井风化壳发育特征的研究结果表明,中拐凸起石炭系火山岩风化壳在研究区普遍发育,说明该区域受风化淋滤的程度较强,厚度整体规模发育较大,其中强风化带厚度为120~200m,表现出由西到东强风化带厚度逐渐减薄的趋势。

　　以单井解释与连井对比为基础,按照强风化带厚度大小的变化趋势,对研究区遭受风化程度的强弱进行划分(图6-25),总体上,研究区石炭系由西到东强风化带厚度由大逐渐变小,表明其风化程度由西向东由强减弱,遭受风化剥蚀程度较大的地区主要分布在北部五八区573井—575井一带,中拐中部地区597井—596井、K021井—H56A井及中部JL10井—H019井一带,向东从东部中拐东斜坡方向强风化带厚度逐渐减薄,表明该区域风化淋滤作用强度有所减弱,究其原因,该区风化淋滤作用的强弱主要与古构造形态及岩性有关。

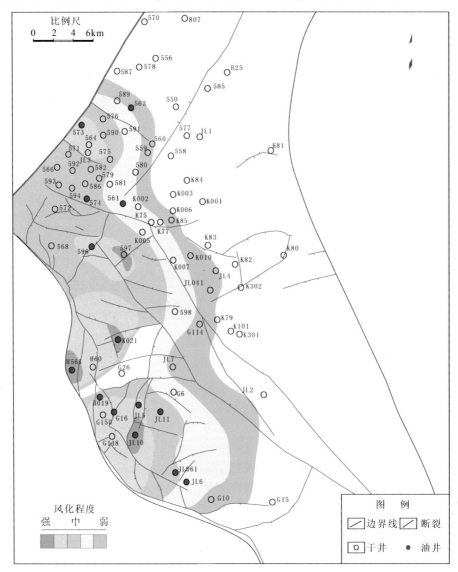

图6-25　中拐凸起石炭系风化程度强弱程度分布图

对研究区风化程度强弱的分布与研究区二叠纪沉积前古构造图进行对比（图6-26），发现研究区风化强弱与古构造形态有明显的对应关系，石炭系古构造形态大体上呈西高东低的特点，研究区西部K021井、JL10井—G148井一带位于古构造相对较高的位置，向西往JL2井方向、向南往G10井方向古构造位置相对较低。而强风化带厚度较大的K021井区、JL10井—G148井区等都位于古构造高点位置，强风化带厚度较小的G10井、598井都位于古构造相对较低缓的部位。强风化带发育区与古构造高点位置的吻合说明风化淋滤的程度与古构造部位密切相关，古构造的相对高部位风化淋滤作用强度大，影响深度深，表明古构造形态对风化淋滤程度具有重要控制作用。此外，研究区油气显示井分布位置与风化淋滤程度高的部位及古构造形态十分吻合，表明该区火山岩的古构造形态控制下的风化淋滤作用及程度是火山岩储层发育的主控因素。

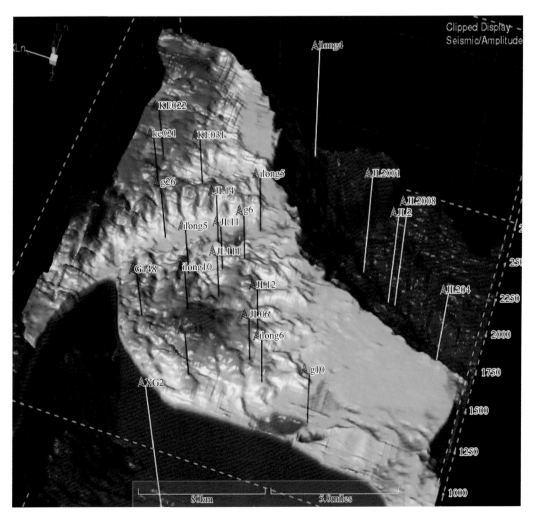

图6-26　中拐凸起二叠纪沉积前古构造图（回剥法）（据新疆油田勘探开发研究院，2013年）

第三节 火山岩储层成岩作用及储层成因

岩浆上升喷出地表或侵入地下直至冷凝固结成岩这一过程控制原生孔隙的发育与分布，被称作火山岩的成岩作用；火山岩形成后因受环境的影响而发生的变化决定了次生孔隙空间的发育，称为次生作用，从对储集空间的影响层面来讲，它们都被包括在成岩作用的范畴中，并成为当前储层研究的重要内容之一。

一、成岩作用类型及特征

依据前人关于西北缘石炭系火山岩储层研究的已有认识和研究区构造演化历史，将中拐凸起石炭系火山岩成岩作用划分为建设性成岩作用和破坏性成岩两大类，其中提高储层孔渗性能的成岩作用称为建设性成岩作用，能够降低储层孔渗性能的成岩作用称为破坏性成岩作用。

通过对研究区岩心资料、薄片分析化验以及储层储集空间被改造的特征及改造程度的研究，明确了中拐凸起石炭系火山岩主要的成岩作用类型及特点。

1. 建设性成岩作用

1）冷凝收缩作用

炽热的熔浆喷发到地表后，在快速冷却的同时发生体积收缩，形成圆形（图 6-27）、弧形等不同形态的收缩孔缝。研究区火山岩、火山碎屑岩中均可发现不同程度的冷凝收缩作用（图 6-28），该成岩作用发育的收缩孔缝规模小，范围较局限，且后期充填程度高，对储层贡献不大。

图 6-27 G16 井，2828.83m，C，安山岩，收缩孔发育，5×5　　图 6-28 598 井，3364.2m，C，凝灰岩收缩缝发育，4×12.5

2）构造碎裂作用

中拐石炭系火山岩体形成后，遭受了较为复杂的构造作用，使得区内岩体中构造裂缝发育。钻井岩心及镜下薄片研究表明，储层中构造裂缝相互交错（图 6-29），且镜下常见构造裂缝-溶蚀孔隙组合的特点（图 6-30），这类孔缝组合的火山岩储层往往具有孔隙度高、渗透性好的特点。

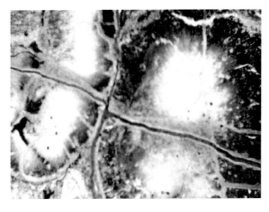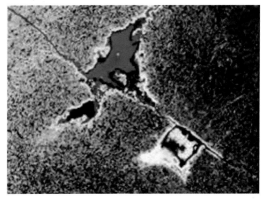

图 6-29　598 井，3364.2m，C，火山熔岩，两组构　　图 6-30　G10 井，3788.6m，C，安山岩，构造裂缝
　　　　　造裂缝发育，4×7.3　　　　　　　　　　　　　　与溶蚀气孔连通，5×5

3）挥发分逸散作用

近地表或浅层环境下的熔浆由于压力或温度的降低发生冷凝和体积收缩，在此过程中岩浆内含有的水、二氧化碳、氯、氟等挥发组分逸出而形成气孔和微孔（图 6-31、图 6-32）。该作用是形成研究区火山熔岩原生孔隙的最为主要的成岩作用类型。

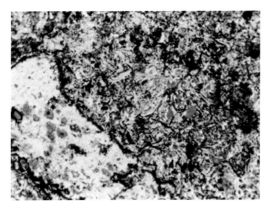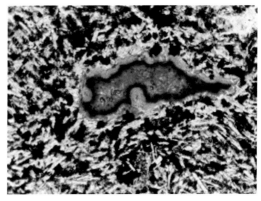

图 6-31　573 井，1778m，C，安山质火山角砾熔岩，　　图 6-32　JL6 井，3578m，C，安山岩，气孔被绿泥
　　　　　气孔发育，4×10　　　　　　　　　　　　　　　　石半充填，10×10

4）溶蚀作用

溶蚀作用主要是岩石中的易溶组分由于环境的变化全部或部分被溶解。溶蚀作用主要发生在埋藏成岩阶段，来源于地壳深部、地幔热液或排烃过程中产生的有机酸、无机酸等可溶性物质沿着不整合面、断裂面等进入火山岩体，对岩体中的斜长石、沸石及方解石（图 6-33）等易溶组分进行溶解，产生大量的溶蚀孔、洞（图 6-34），从而有效改善储层物性。

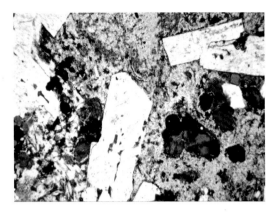

图 6-33　598 井，3413.6m，C，安山岩，角闪石斑　　图 6-34　G16 井，2831.2m，C，安山岩，裂缝中方
　　　　　　晶溶孔发育，4×10　　　　　　　　　　　　　　　　解石溶孔发育，5×5

5）风化淋滤作用

火山岩形成后长期暴露地表，主要表现为两种形式：首先是发育了大量的风化缝，溶解在地表及大气水中的 CO_2、H_2S 等气体提供了丰富的 H^-、CO_3^{2-} 等，这些酸性液体通过风化缝进入火山岩体中，溶蚀表层岩石中的易溶组分（主要是斜长石），形成大量的次生孔隙，改善了储层的储集性能（图 6-35、图 6-36）；另一种是由于风化作用加剧，形成了由风化黏土组成的风化壳，可作为有效的盖层，对油气的逸散和二次运移起到了有效的抑制作用。

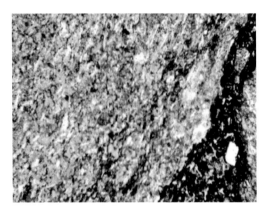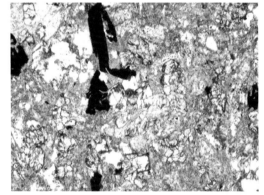

图 6-35　597 井，2588.15m，C，火山角砾岩，角　　图 6-36　JL5 井，3352.1m，C，玄武岩基质中溶孔
　　　　　砾发生明显溶蚀现象形成大量次生溶孔，4×10　　　　　　　　发育，5×10

2. 破坏性成岩作用

1）压实作用

压实作用是指火山岩形成以后，由于上覆沉积物不断加厚，在重荷压力下所发生的作用，各种岩石类型在埋藏成岩阶段都会受到压实作用而导致孔隙体积的缩小，从而影响原生孔隙的保存。伴随埋深的增加，在高围压作用下碎屑颗粒接触点将发生晶格变形或者溶解，导致石英次生加大边的形成以及缝合线构造的产生（图 6-37、图 6-38），从而影响原生孔隙的保存。

图6-37 G26井，2975.75m，C，花岗岩，砾间经压实压溶作用形成缝合线，4×10

图6-38 JL5井，2943.31m，C，花岗岩，压实压溶作用形成缝合线，5×10

2）充填作用

充填作用是火山喷发物固化后内部孔隙或裂缝被各类次生矿物充填的作用。按充填物充填的时间可分为火山热液充填和表生矿物充填两类。火山热液充填发生在岩浆作用后期，充填物主要为绿泥石、沸石、石英以及方解石等，它们充填前期形成的气孔、晶间孔、粒（砾）间孔以及裂缝，形成残余气孔构造、杏仁构造等各类充填构造（图6-39、图6-40）。表生矿物充填主要发生在成岩后仍在地表未被埋藏的火山岩中，充填物包括高岭石、绿泥石等，主要表现为原生孔缝的充填及溶蚀孔的再充填。充填物的存在使原生孔隙急剧减少，孔隙度降低明显，但早期沸石、方解石等充填物的存在可为后期溶蚀作用奠定一定的物质基础，显微镜下可见沸石、亮晶方解石沿解理缝的微溶孔，该种现象在研究区较为普遍（图6-41、图6-42）。

图6-39 573井，1773.41m，C，玄武岩，长石斑晶溶蚀后又被硅质和少量绿泥石充填，4×10

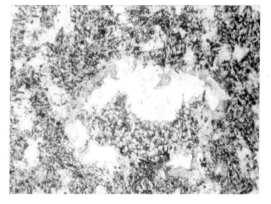

图6-40 G10井，3907.08m，C，安山岩，气孔中依次充填绿泥石-沸石-绿泥石，4×10

3）熔结作用

熔结作用是由于火山岩体自身重力以及上覆地层压力影响，使得火山碎屑物质被不同程度地压扁并发生定向排列，从而使之熔结（图6-43）。该作用主要发生在熔结火山碎屑岩中，是造成其原生孔隙空间不发育的主要原因。

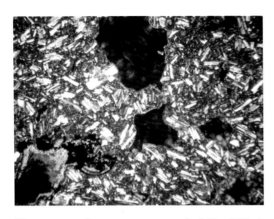 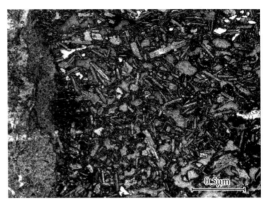

图 6-41　573 井，1757.51m，C，玄武岩，气孔大　图 6-42　JL6 井 3455m，C，安山岩，气孔中充填
都被沸石充填，2.5×10　　　　　　　　　沸石矿物完全溶解后又被方解石充填，5×5

除以上成岩作用外，该区还可见火山玻璃的脱玻化作用，绿泥石、沸石、方解石、白云石等的次生交代作用以及黏土矿物、泥晶方解石等的重结晶作用。火山玻璃的脱玻化作用、基质的重结晶作用（图 6-44）可形成较多的次生微孔隙，对储层储集性能的提高具有一定的贡献。

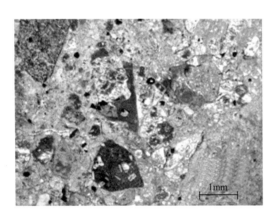 

图 6-43　581 井，3547.45m，C，熔结角砾岩，安　图 6-44　K021 井 2699.5m，C，安山质角砾熔岩，
山质熔结，基质发生强烈绿泥石化，5×5　　　　基质发生明显重结晶现象，形成晶间孔，5×5

二、成岩作用阶段划分

参考碳酸盐岩、碎屑岩成岩阶段的划分及前人对火山岩成岩作用的研究成果并结合中拐凸起石炭系火山岩成岩过程实际情况，将火山岩成岩作用分为同生成岩阶段、表生成岩阶段及埋藏成岩阶段，各成岩阶段温度条件、典型标志、成岩作用类型及储层特征如表 6-3 及图 6-45 所示。

表 6-3　不同成岩阶段成岩作用类型、矿物成分特点和孔隙演化规律

阶段划分		影响因素	作用标志	作用类型	储层特征
同生成岩阶段	岩浆结晶阶段	高温变化	原生矿物及结构、构造的形成	结晶分异作用、挥发分逸散作用	形成气孔、晶间孔、矿物解理缝、流动缝
	冷凝收缩阶段	高温—常温	冷凝收缩缝形成	冷凝收缩作用	成岩裂缝、晶间收缩缝、收缩层解理、晶内微裂缝形成
表生成岩阶段		常温常压	褐铁矿化、绿泥石化、高岭土化、碳酸盐化	构造碎裂作用、风化淋滤作用、充填作用	岩石碎裂、溶蚀孔洞、各类裂缝大量产生
埋藏成岩阶段	早期成岩阶段	低温、热液	绿泥石化、沸石化、绢云母化	机械压实作用、交代蚀变作用、早期充填作用	原生孔隙降低、绿泥石、杏仁体形成
	中期成岩阶段	中温、热液	硅质、亮晶方解石、绿泥石等充填	压溶作用、充填作用、溶蚀作用、构造碎裂作用	硅质杏仁体形成，溶蚀孔缝、构造缝等增多
	晚期成岩阶段	中温、热液		充填作用、重结晶作用、构造碎裂作用	构造缝，碳酸盐交代矿物及其杏仁体的形成

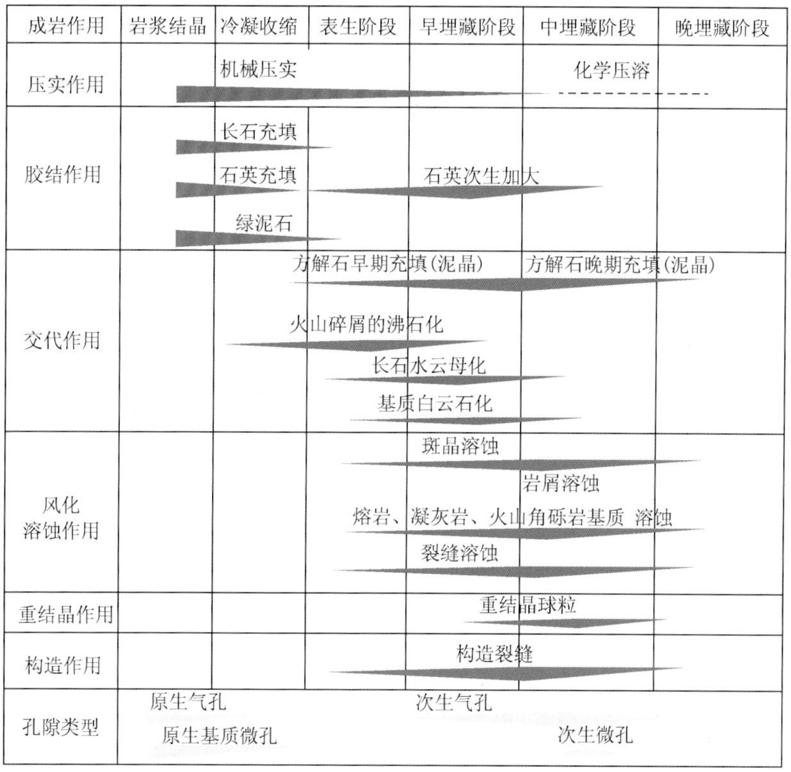

成岩作用	岩浆结晶	冷凝收缩	表生阶段	早埋藏阶段	中埋藏阶段	晚埋藏阶段
压实作用		机械压实			化学压溶	
胶结作用		长石充填				
		石英充填		石英次生加大		
		绿泥石				
交代作用			方解石早期充填(泥晶)		方解石晚期充填(泥晶)	
			火山碎屑的沸石化			
			长石水云母化			
			基质白云石化			
风化溶蚀作用			斑晶溶蚀			
				岩屑溶蚀		
			熔岩、凝灰岩、火山角砾岩基质 溶蚀			
			裂缝溶蚀			
重结晶作用				重结晶球粒		
构造作用				构造裂缝		
孔隙类型	原生气孔			次生气孔		
	原生基质微孔			次生微孔		

图 6-45　中拐地区成岩作用阶段划分

1. 同生成岩作用阶段

同生成岩作用阶段包括岩浆结晶阶段和冷凝收缩阶段，其中岩浆结晶阶段主要是岩浆喷发出地表发生高温变化，其经历的成岩作用类型为结晶分异作用和挥发分逸散作用。岩浆结晶阶段主要表现为火山岩原生矿物以及结构构造的形成，与此同时发育气孔、晶间孔、

砾间孔及矿物解理缝等原生孔隙；在冷凝收缩阶段，岩浆温度由高温逐渐转变为常温，岩石固结时随着体积的收缩，期间经历的主要成岩作用类型为冷凝收缩作用，此阶段主要形成成岩裂缝、晶间收缩缝、收缩层解理、晶内微裂缝等多种缝。同生作用阶段形成的各类气孔及多种裂缝有利于提高岩石的原始储集性能，也为后期的成岩演化提供了一定的物质基础。

2. 表生成岩作用阶段

此阶段从火山岩形成以后至开始埋藏之前，主要经历风化淋滤作用、构造作用、溶蚀作用和胶结作用等。该阶段的显著标志是镁铁矿物的褐铁矿化、绿泥石化，长石的高岭土化和部分矿物的碳酸盐化。该阶段可使原有孔隙、裂缝部分被充填，也可由构造运动和溶蚀作用产生大量的次生孔、洞、缝。

3. 埋藏成岩阶段

该阶段为岩石埋藏在地下期间（又可细分为早、中、晚三个时期），该阶段主要受压实作用、溶解作用、胶结作用以及构造作用等影响，主要发育各类溶蚀孔隙以及脱玻化作用形成的晶间微孔等，此外在构造运动作用下产生一定规模的构造缝。

总之，准噶尔盆地西北缘中拐凸起石炭系火山岩在经历了同生成岩阶段、表生成岩阶段、埋藏成岩阶段改造后，形成类型复杂多样的孔、洞、缝储集空间。其储集空间（孔隙及裂缝）演化过程大致可描述为下述四个阶段。

（1）岩浆结晶冷凝阶段在火山碎屑岩和火山熔岩中形成各种原生气孔（气孔、晶间孔、粒间孔、砾间孔），在火山角砾岩中形成原生砾间缝及冷凝收缩缝。

（2）暴露地表的表生阶段由于风化淋滤作用、溶蚀作用及构造运动影响，形成各种次生孔隙及构造裂缝，且同时镁铁矿物的褐铁矿化和风化黏土层形成，孔隙被二次充填。

（3）埋藏早期阶段，火山岩受到压实作用以及充填作用的影响，孔隙空间进一步的缩减，储集性能变差。

（4）埋藏中后期阶段，在埋藏中期，由于有机酸性水的溶蚀，粒内溶孔、基质溶孔和粒间溶孔大量形成，为次生孔隙发育的重要阶段，同时在构造运动下进一步产生构造裂缝，使得溶蚀孔隙被有效沟通，储集性能得到极大改善；此外，在埋藏后期在重结晶作用和充填作用下，孔隙发育程度会不同程度地降低。

三、储层成因机理

火山岩储层发育的成因与地质作用的类型和储集空间的变化类型及二者的相互作用过程密切相关。早期火山岩冷凝结晶之后，虽然有气孔存在，但是彼此之间互不连通，没有渗透性能，后期由于经历了不同阶段的各种地质作用，火山岩才具有储集油气的能力。火山岩储层发育的成因机理实际上也是火山岩储集空间（孔隙及裂缝）的形成发展、堵塞改造及再形成等一系列不同阶段的演化过程。

火山岩的形成和演化过程控制其原生和次生两类储集空间的发育和演化，根据研究区构造演化特征、埋藏史、储层基本特征及成岩作用，研究区石炭系火山岩的储层发育可划分为以下几个阶段（图 6-46）。

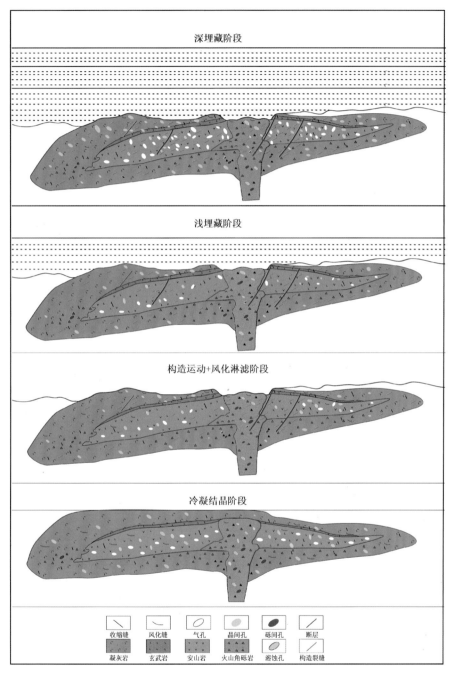

图 6-46 中拐凸起石炭系火山岩储层成因模式

1. 原生储集空间形成阶段

岩浆喷溢至地表后形成大量原生气孔及晶间孔隙，在火山喷发、爆炸作用下可形成火山角砾砾间孔，此外在岩浆冷凝过程中还可产生收缩缝等，这些原生气孔及晶间孔、砾间孔和收缩缝等构成火山岩储层的原生储集空间。

2. 火山岩体遭受风化淋滤和构造作用阶段

石炭系火山岩形成之后,在二叠系沉积之前是长时间构造运动和风化淋滤的阶段,该阶段导致中拐凸起石炭系与二叠系之间存在一个较大的不整合面。在风化淋滤阶段,由于风化碎裂作用以及大气降水的淋滤溶蚀作用,产生大量溶蚀孔洞,同时该阶段强烈的构造运动导致岩体中断裂及构造裂缝发育,成为火山岩储层的主要渗流和储集空间。

3. 火山岩体浅埋藏阶段

二叠纪以后,火山岩体逐渐被掩埋,逐渐进入到浅埋藏阶段。在埋藏过程中,火山岩受到不同程度压实作用及充填作用影响,风化淋滤产生的孔隙空间被压缩或部分充填,储集性能变差,同时该阶段在构造运动作用下继续产生新的构造缝,为储层改善提供新的渗滤通道和储集空间。

4. 火山岩体深埋藏阶段

随着埋深的不断增加,火山岩体进入到深埋藏阶段。在该阶段,临近火山岩体的凹陷中烃源岩逐渐进入成熟阶段,有机质通过脱羧基作用生成一元、二元有机酸,并释放出二氧化碳和氮等组分溶入泥岩成岩演化过程中释放出的压实水和层间水中,对火山岩中硅铝酸岩和铁镁硅酸岩等造岩矿物以及黏土矿物、碳酸盐矿物等充填物进行溶蚀,使得储集空间性能进一步改善。

5. 油气成藏阶段

伴随埋深的增加和油气的成熟,在输导层的作用下,油气运移至火山岩圈闭中形成油气藏。

第七章 火山岩储层主控因素及综合评价

火山岩储层作为一种非常规油气储层，其储层发育主要受岩性（岩相）、构造作用、风化淋滤作用、成岩作用等多种因素影响。其原生孔隙和原生裂缝主要受岩性（岩相）控制，在相同构造应力作用下，构造裂缝的发育和保存程度也受岩性（岩相）控制；火山作用后，熔岩冷凝及固结后的火山岩，原生气孔之间相互隔绝，互不连通，渗透性能差，只有经过后期不同阶段的各种地质作用改造，才具有储集性能。

第一节 火山岩储层主控因素

一、岩性（岩相）

根据研究区主要不同岩类（岩相）的 800 余个物性实测数据的统计表明，石炭系（C）火山角砾岩和安山岩物性最好，其孔隙度平均值分别为 10.6% 和 8.87%，渗透率平均值分别为 $1.54\times10^{-3}\mu m^2$ 和 $1.32\times10^{-3}\mu m^2$，凝灰岩和玄武岩物性次之，其孔隙度平均值分别为 7.9% 和 5.8%，渗透率平均值分别为 $0.85\times10^{-3}\mu m^2$ 和 $0.5\times10^{-3}\mu m^2$，花岗岩物性最差，其孔隙度和渗透率平均值分别为 3.8% 和 $0.52\times10^{-3}\mu m^2$，在不同的火山岩相中，爆发相火山岩角砾岩和喷溢相安山岩的物性最好（图 7-1～图 7-10）。

孔隙结构及油气测试情况的研究表明（表 7-1、表 7-2），中拐凸起火山岩中常见的原生孔隙主要为气孔（残余气孔）、砾间缝、收缩缝和晶间孔等，次生孔隙主要为构造缝和各类溶蚀孔隙（斑晶溶蚀孔、基质溶蚀孔和粒间溶蚀孔、杏仁体内溶孔等）；其中爆发相的火山角砾岩砾间孔、晶间孔和次生溶孔比较发育，角砾颗粒粗大且不规则，原生砾间缝为软弱结构面，其力学强度较低，在相同构造背景下较易发生破裂，裂缝发育程度要高，

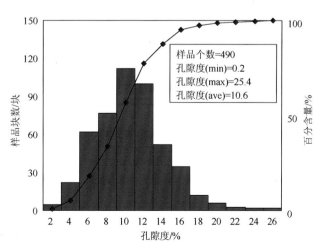

图 7-1 火山角砾岩孔隙度分布频率图

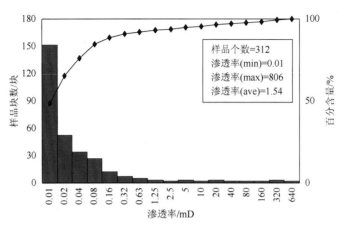

图 7-2 火山角砾岩渗透率分布频率图

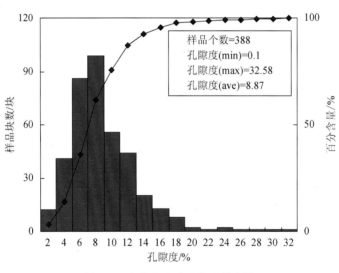

图 7-3 安山岩孔隙度分布频率图

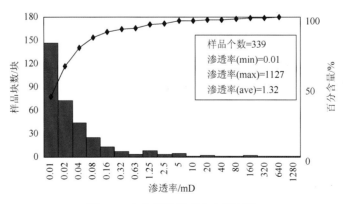

图 7-4 安山岩渗透率分布频率图

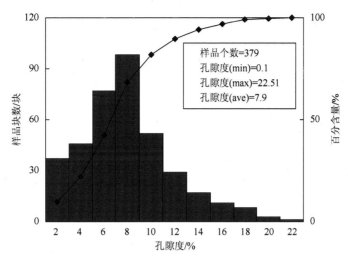

图 7-5 凝灰岩孔隙度分布频率图

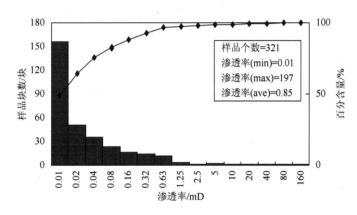

图 7-6 凝灰岩渗透率分布频率图

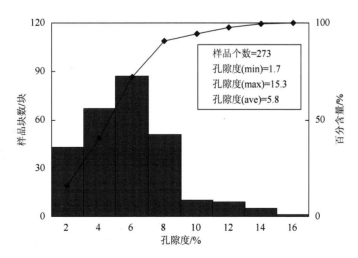

图 7-7 玄武岩孔隙度分布频率图

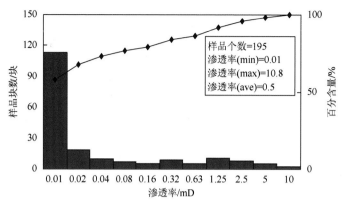

图 7-8 玄武岩渗透率分布频率图

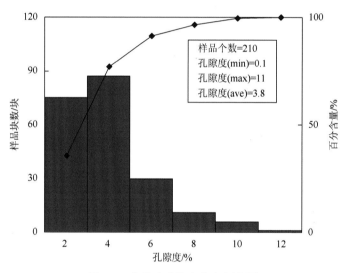

图 7-9 花岗岩孔隙度分布频率图

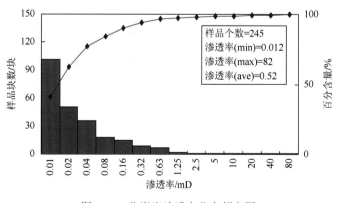

图 7-10 花岗岩渗透率分布频率图

物性好,油气测试普遍高产,是本区最好的储层;喷溢相安山岩残余气孔和次生溶孔较为发育,加之裂缝发育,岩性分布较广,储集条件也较好,油气测试效果较好,也是中拐石炭系较好的储层；侵出相的花岗岩及喷溢相玄武岩多呈致密块状，其基质物性差，裂缝发育程度较低，其储集性能差。爆发相凝灰岩岩性致密，基质物性相对较差，不过其易发生风化淋滤作用，形成溶蚀孔洞，同时在构造高点或断裂发育区发育裂缝，溶蚀孔洞和构造裂缝在局部叠合部位也可形成有效储层。

表 7-1 不同岩性（岩相）的储层发育特点

岩性	储集空间类型	抗压强度/MPa	风化能力	裂缝发育程度
火山角砾岩	溶孔、砾间孔、晶间孔、构造裂缝	38.34	强	高
安山岩	次生溶孔、晶间孔、残余气孔、构造裂缝	92.54	强	高
凝灰岩	溶孔、微孔、微裂缝、构造裂缝	103.23	较强	较高
玄武岩	溶孔、残余气孔、晶间孔、构造裂缝	123.45	较强	较高
花岗岩	晶间孔、裂缝	152.65	较弱	低

表 7-2 火山岩岩石类型与试油情况对比

井号	深度/m	日产			层位	岩石类型
		油/t	气/（×10⁴m³）	水/m³		
K021	2598～2617	66.38	0.76	—	C	火山角砾岩
H56A	2035～2949	29.3	0.375	18.19	C	火山角砾岩
JL10	3138～3156	17.28	0.313	—	C	火山角砾岩
	3312～33190	20.16	0.244	27.84	C	火山角砾岩
596	2433～2442	4.04	0.023	4.9	C	凝灰质角砾岩
H019	2742～2769	105.96	2.14	—	C	安山岩
JL6	3507～3570	5.3	—	63.2	C	安山岩
G10	3897～3920	—	0.032	59.3	C	安山岩
	3964～3977	0.003	0.098	26.8	C	安山岩
G16	2840～2860	0.93	0.31	—	C	安山岩
K114	570～620	15.34	0.018	—	C	凝灰岩
H020	2658～2696	0.98	0.506	—	C	凝灰岩
H021	2756～5775	5.79	0.096	8.39	C	凝灰岩
JL5	2930～2949	0.016	—	—	C	花岗岩
H022	2766～2796	—	0.083	7.08	C	玄武岩

二、构造运动

构造运动对储层储渗条件的改善具有重要作用，尤其对于火山岩这类非常规储层。由于构造运动使得致密火山岩中产生大量的构造裂缝,这些构造裂缝的存在有利于形成火山岩有效储层。研究区石炭系火山岩形成之后,至今分别经历了华力西期、印支期、燕山期等不同期次的构造运动,火山岩体受不同期次构造运动的影响,岩体内部断裂及裂缝普遍发育。

构造运动对中拐凸起火山岩储层的影响主要体现在以下三个方面。

(1)构造运动造成研究区构造形态起伏不平,构造相对高部位由于位置高,暴露地表期间遭受风化淋滤作用强,风化壳附近的火山岩体储集性能得到有效的改善。

(2)多期次的构造运动能诱发大量构造裂缝的产生,不仅形成了新的可供油气储集和运移的空间,而且使得孤立的孔隙有效连接起来,形成畅通的流体网络系统。

通过区内石炭系典型井的物性实测数据统计对比发现(表 7-3),带裂缝的岩心样品的孔隙度与完整岩心样品的孔隙度相差不大,但是渗透率方面却差别极大,带裂缝的岩心的水平渗透率要比完整岩心样品的渗透率大得多,甚至高出几十倍以上,充分表明裂缝对储层孔渗性能的改善作用。

表 7-3　研究区火山岩岩心样品物性统计

井号	层位	样品深度/m	岩石名称	有效孔隙度/%	水平渗透率/($\times 10^{-3} \mu m^2$)	裂缝情况
598	C	3255.6	安山岩	7.01	<0.01	无
		3366	安山岩	9.53	354.14	有
		3365.15	凝灰岩	9.24	1.73	无
		3364.2	凝灰岩	10.46	77.9	有
573	C	2008.6	火山碎屑岩	7.17	0.02	无
		2225.07	火山碎屑岩	9.48	206.05	有
574	C	2298.8	玄武岩	8.14	0.7	无
		2299.5	玄武岩	8.93	304.61	有
567	C	1751.81	火山角砾岩	9.33	1.05	无
		1752.26	火山角砾岩	10.06	707.94	有

(3)构造运动形成的主控断裂及次级断裂附近油气显示情况较好。生产实际表明,目前中拐凸起石炭系火山岩中已发现的高产油气流或者油气显示井主要位于断裂带附近;断裂带附近裂缝发育,裂缝的发育程度与油气测试效果具有正相关关系,位于断裂附近的井,一般储层物性好,裂缝发育,钻井成功率高,测试获得的试油(气)产量普遍高。

利用权重法得到的裂缝发育程度综合预测结果与钻井测试效果进行对比,火山岩裂缝的发育程度与钻井中油气测试情况具有明显的相关性(表 7-4),596 井、JL10 井、H019井、H56A 井、K021 井等均位于 I 级裂缝发育区,裂缝发育程度高,其油气测试产量高,如 K021 井和 H019 井石炭系测试分别获得日产油 66.38t 和 105.96t;位于 II 级裂缝发育区的 G26、597、581 等井,其油气显示情况较差,仅 597 井测试获得日产水 14.01m³,可见构造运动所产生的裂缝是影响有利储层分布发育的主要控制因素之一。

表 7-4　石炭系火山岩储层试油情况与裂缝发育程度对比

井号	日产			层位	试油结果	预测结果
	油/t	气/（×10⁴m³）	水/m³			
JL10	17.28	0.313	—	C	油层	I级裂缝发育区
	20.16	0.244	27.84	C	油水同层	I级裂缝发育区
K021	66.38	0.76	—	C	油层	I级裂缝发育区
561	4.52	5.514		C	气层	I级裂缝发育区
596	4.04	0.023	4.6	C	油水同层	I级裂缝发育区
JL11	17.61	1.47	26.29	C	油水同层	I级裂缝发育区
JL061	11.5	0.603	14.8	C	油水同层	I级裂缝发育区
H019	105.96	2.14	—	C	油层	I级裂缝发育区
H56A	29.3	0.375	18.19	C	油水同层	I级裂缝发育区
JL6	5.3	—	63.2	C	油层	I级裂缝发育区
573	96.38	0.832	—	C	油层	I级裂缝发育区
G16	0.93	0.31		C	含气层	I级裂缝发育区
563	9.35	0.057		C	油层	I级裂缝发育区
574	14.6	0.095		C	油层	I级裂缝发育区
G26	—	—		C	干层	II级裂缝发育区
597	—	—	14.01	C	水层	II级裂缝发育区
581	—	—		C	干层	II级裂缝发育区

三、风化淋滤作用（风化壳岩溶古地貌）

我国东部与西部盆地火山岩储层差别较大，东部盆地火山岩储层主要为中生代原生型中—酸性火山岩，而西部盆地火山岩储层主要为中—基性火山岩，需要经过长期的风化淋滤作用才能成为良好的储集层。准噶尔盆地西北缘中拐凸起石炭系火山岩体形成之后遭受强烈的构造挤压破裂作用和长时间的风化淋滤作用，形成风化壳型火山岩储层，岩性和风化程度对风化壳储层的性能起控制作用，各类火山岩经过长时间强风化均可形成风化壳储层。石炭系上覆乌尔禾组泥岩盖层区域上分布稳定，具备有效的保存条件，与古构造吻合较好的现今构造高部位和斜坡区是油气运移的指向区，断裂则控制油气的聚集成藏。

火山岩的风化程度与储集性能一般呈正相关关系，风化程度从不整合面往下逐渐减弱。准噶尔盆地西北缘石炭系顶部风化壳的垂向结构及空间发育状况对火山岩油藏的形成有着重要的作用，一是低孔、低渗的风化土壤层或泥质沉积起到遮挡或封盖油气的作用，二是风化淋滤作用有效地改善了火山岩体储集性能。

1. 风化壳平面特征（古地貌）对储层的影响

火山活动不仅为储集层发育提供良好的物质基础，而且在遭受构造作用和风化淋滤过程中，机械破碎物、风化剥蚀物以及化学物质的溶解淋滤可有效地改造次生裂隙，比如通过热液蚀变交代作用可发育大量的溶孔、溶缝。风化壳上部的斑晶溶蚀孔、基质间溶孔、微裂缝、半充填气孔等就是风化壳遭受风化淋滤的产物；另外构造运动产生的裂缝使得溶蚀作用进一步加强，加速风化淋滤作用的深度和速度，形成次生孔隙和裂缝共同控制的火山岩储层类型，使得各种岩性均有一定的储集空间，都可形成良好的储层。古地貌是风化壳岩溶作用与各类地质作用综合影响的结果，不同古地貌形态对风化淋滤发育起着控制作用，同时又明显地影响储层的分布。

火山岩风化壳发育程度受岩性岩相、断裂、风化时间及古地貌控制，在风化时间较为漫长时，不同岩性、岩相均可遭受强烈风化剥蚀，在此情况下风化壳的发育则主要受控于古地貌和断裂。中拐石炭系火山岩形成之后，在构造挤压作用下岩体整体抬升，长期暴露在地表接受表生环境风化淋滤作用，古地貌高部位、斜坡带及断裂发育处风化淋滤作用强。古地貌高部位及较高部位的火山岩体在大气淡水、深部热液及烃源岩演化生成的热液等作用下发生风化剥蚀淋滤，而且在断裂发育处地下水及大气淡水沿断裂向下快速渗流，在断层及裂缝附近进一步溶蚀可溶物质，使得储层物性进一步得到极大改善，有利于形成有效储层；构造相对低缓部位风化剥蚀作用较弱，为部分淋滤区或风化淋滤作用较弱区；构造低部位由于风化剥蚀物覆盖，风化淋滤程度更弱而且厚度薄，一般不易形成储层（图 7-11）。

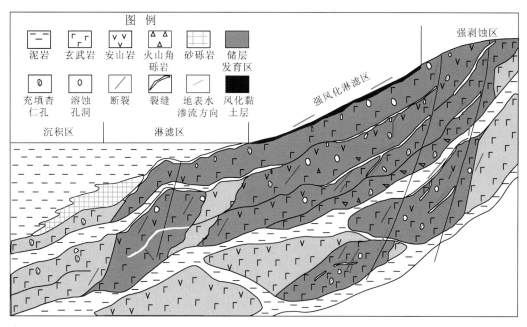

图 7-11 火山岩风化淋滤模式图（侯连华等，2011）

本书在研究中拐凸起石炭系火山岩古地貌平面形态特征的过程中，对其火山岩古地貌形态进行分析，以此来探讨不同古地貌单元风化淋滤进行的程度及对储层发育的影响。

目前，国内外古地貌恢复主要是针对沉积岩来进行的，对于火山岩的古地貌恢复尚无成熟理论与技术，本书在充分调研古地貌恢复理论的基础上，结合研究区实际，利用构造地质及火山岩岩相学原理对其古地貌进行恢复，其恢复依据主要有两个。

（1）石炭系构造特征及演化，中拐凸起石炭系火山岩形成之后分别经历了石炭纪至早中二叠世的凸起形成阶段、晚二叠世—三叠纪的继承发展阶段以及侏罗纪—新生代改造定型阶段，总体构造形态为一继承性的隆起，石炭系火山岩形成之后未经压实（有别于沉积岩），且经过长时间的风化，不同岩性均遭受强烈风化，虽不同岩性风化程度不同，但差异不大，故其古构造形态与其古地貌具有一定的相似性。

（2）火山喷发模式及火山岩相的特点，依据研究区火山岩相的主要方式，依次可分为侵出相、爆发相、喷溢相、火山沉积相等四个基本火山岩相（图 4-1）。不同岩相所处的构造部位有所不同，岩相发育的相对位置与其古地貌也应该具有一定的相似性。

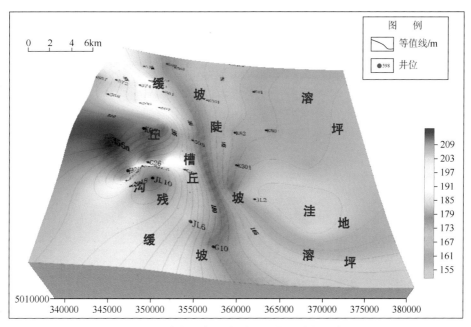

图 7-12　中拐凸起石炭系顶部火山岩古地貌图

根据研究区构造演化特征、火山相模式特征，选取印模法对石炭系顶古地貌进行恢复研究，具体步骤为：选择区域上较为稳定的乌尔禾组底的泥岩作为标志层，统计乌尔禾组底至石炭系顶的距离并做镜像处理，无井的区域采用地震解释数据，在此基础上，结合石炭系古构造特征（图 6-26）及火山相模式（图 4-1），恢复出石炭系火山岩顶的古地貌（图 7-12）。古地貌形态总体表现为一向东及东南倾斜的斜坡，西部及西北部古地貌位置相对较高，向东和东南方向地势逐渐变低，总体地形起伏不大，坡度较为平缓，外貌上看与现今构造形态及古构造形态大体一致，仅局部地区存在一定幅度的差异。

参考沉积岩古地貌单元划分标准，结合研究区石炭系古地貌个体形态及组合特征,将区内古地貌单元划分为残丘、沟槽、缓坡、陡坡、溶坪及洼地等单元(图7-12),其中残丘、缓坡和溶坪分布较为广泛,其他古地貌单元分布十分局限。残丘单元主要是古地貌上孤立分散的丘状地貌和峰状地貌,呈圆形或椭圆形,主要分布于研究区JL10井—G148井—G16井一带及H56A井—K021井—563井—567井一带;沟槽主要是古地貌上呈狭长条带状展布的槽状凹地,主要分布于G150井—G26井之间,位于两个残丘之间的相对低洼部位;缓坡是古地貌上坡度及高程变化较小的倾斜地形,主要分布于JL6井及其以西地带、五八区596井—572井—575井—561井一带,分布于残丘周围;陡坡是古地貌上坡度及高程变化较大的倾斜地形,主要分布于589井—598井—G10井一带,大致沿南北向呈狭长的条带状展布;溶坪是古地貌上地势平坦开阔的地带,主要分布于中拐东斜坡上K81井—K82井—K301井以东区域,分布范围较广;洼地指的是古地貌上地势低洼的部位,四周高,中间低,呈圆形或椭圆型,主要分布于JL2井东部一带。

依据火山岩风化淋滤模式(候连华等,2011),结合研究区古地貌单元的具体分布情况来看,残丘单元位于古地貌高部位,为研究区风化淋滤强烈地区,而且残丘单元靠近主控断裂,内部次级断裂也较为发育,这为风化淋滤及地下水的溶蚀提供了极有利条件,有利于形成有效储层;缓坡单元位于古地貌较高部位,风化淋滤程度较强,特别是距离研究区断裂较近的缓坡地带,风化淋滤及溶蚀作用强烈,也有利于储集性能的改善;陡坡单元位于古地貌相对高程较低的部位,且高差变化较大,距离主控断裂稍远,风化淋滤程度偏弱,但局部断裂发育区仍可形成有利储层;溶坪、洼地及沟槽单元古地貌位置最低,风化淋滤作用进行程度较弱,难以形成有效储层。这一规律在该区的多口井的钻井及测试中也得到证实。

结合研究区钻井及油气测试情况来看(表7-5),位于残丘单元的井普遍高产,如K021井、JL10井和H019井在石炭系火山岩中测试分别获日产油66.38t、20.16t和105.96t;位于缓坡单元的井油气显示较残丘单元差,如574井和JL6井在石炭系火山岩中分别测试日产油14.66t和5.3t,但在主控断裂带附近的缓坡单元也有高产井,如缓坡单元的573井靠近克—乌断裂,在石炭系火山岩中测试获日产油96.38t,日产气$0.832 \times 10^4 \mathrm{m}^3$;位于陡坡单元的钻井较少,油气显示较差,如G10井在石炭系火山岩中测试仅获得日产油0.003t,日产气$0.098 \times 10^4 \mathrm{m}^3$,日产水26.8$\mathrm{m}^3$,G6在石炭系火山岩中测试仅获得日产水5.2$\mathrm{m}^3$;位于沟槽、溶坪及洼地上的井储层基本不发育,其中位于沟槽上的井油气显示差,溶坪及洼地单元虽未钻探,但油气显示应该与沟槽单元情况类似。

表7-5　不同古地貌单元与油气显示情况对比

古地貌	井号	日产			层位	试油结果
		油/t	气/ ($\times 10^4 \mathrm{m}^3$)	水/m^3		
残丘及其边缘地带	JL10	17.28	0.313		C	油层
	JL10	20.16	0.244	27.84	C	油水同层
	K021	66.38	0.76	—	C	油层

古地貌	井号	日产			层位	试油结果
		油/t	气/（×10⁴m³）	水/m³		
残丘及其边缘地带	H56A	29.3	0.375	18.19	C	油水同层
	H019	105.96	2.14	—	C	油气层
	JL11	17.61	1.47	26.29	C	油气层
	JL5	0.016	—	—	C	油水同层
缓坡	596	4.04	0.023	4.6	C	油水同层
	573	96.38	0.832	—	C	油层
	JL6	5.3	—	63.2	C	油水同层
	574	14.6	0.095	—	C	油层
	561	4.52	5.514	—	C	含气水层
陡坡	G10	—	0.032	59.3	C	气水同层
		0.003	0.098	26.8	C	气水同层
	G6	—	—	5.2	C	水层
沟槽	G26	—	—	—	C	干层
	G150	—	—	—	C	干层
溶坪、洼地	未钻探					

从不同古地貌单元的测试效果来看（表 7-6），残丘单元上为高产油气富集区，6 口位于残丘上的井日产油均大 5t，其中 4 口井日产油大于 20t，两口井日产油大于 50t；缓坡上油气显示也较好，3 口位于缓坡上的井日产油大于 5t，其中 1 口靠近主控断裂的井（573井）日产油大于 50t；陡坡单元上的井产水量多，油气显示差，沟槽、溶坪、洼地油气显示最差，钻井测试多为干层。不同古地貌单元与油气测试情况的对比表明，火山岩风化壳对有利储层发育分布具有重要的控制作用，高产油气富集的区域主要分布于残丘及其边缘地带、靠近断裂带的缓坡地带，其次是缓坡单元，其他古地貌单元油气显示差。

表 7-6　不同古地貌单元与油气测试效果对比

古地貌	产油大于 5t/d 井数/口	产油大于 20t/d 井数/口	产油大于 50t/d 井数/口
残丘	6	4	2
缓坡	3	1	1
陡坡	0	0	0
沟槽、溶坪、洼地	0	0	0

2. 风化壳纵向发育程度对储层的影响

对中拐凸起石炭系火山岩孔渗关系的研究发现，火山岩孔隙度与埋藏深度无明显相关性，各类火山岩在不同深度均可形成有利储层，表明埋深对储层物性的影响不大。构造演化历史表明,研究区火山岩形成后由于长期暴露地表遭受表生成岩作用和大气降水的淋滤溶蚀作用,纵向上位于风化壳附近的地带可产生大量溶蚀孔、洞、缝,从而有效改善储层物性,距离风化壳顶面越近的部位,溶蚀孔洞缝发育,物性越好,距离风化壳顶面越远,风化淋滤溶蚀作用减弱,储层物性逐渐变差。

中拐凸起石炭系顶面风化壳与储层物性具有密切的关系,通过 9 口井 1542 个孔隙度样品与距风化壳顶面深度的关系研究(图 7-13),孔隙度值大于 15%的样品主要位于石炭系风化面以下 150m 以内,孔隙度值为 5%～15%的样品主要分布于距石炭系风化面以下 150～400m 范围内,随着距离石炭系顶面距离增大,孔隙度值明显降低。

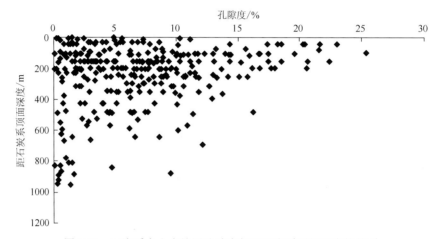

图 7-13　石炭系火山岩储层孔隙度与距石炭系顶部深度的关系

从已有的钻井油气显示来看,油气显示也与不整合面风化淋滤密切相关,试油效果好的 573 井、563 井、574 井、H019 井、H56A 井、K021 井、JL10 井等试油深度都位于石炭系顶面附近,而且基本上位于风化壳中土壤层之下的强风化带,由此可见,风化淋滤对于研究区火山岩储层油气运移聚集具有重要作用。对研究区 20 余口井含油气层段进行统计分析,发现有利储层的分布主要受距离石炭系风化壳顶面距离控制(图 7-14),在距离石炭系风化壳顶面 20～240m 处,油气显示及高产井较为富集,为有利储层发育区,各类火山岩均可形成有效储层,其中距离风化壳顶面以下 20～130m 处油气最为富集,风化壳顶面以下 130～240m 处也有部分井段有油气显示,但富集程度有所降低,此类储层主要为火山岩风化壳储层;在距离石炭系风化壳顶面 240m 以下时火山岩风化淋滤程度降低,主要以原生孔隙及裂缝为主,物性较风化体差,油气显示情况相对较差,仅个别井点有发现(596 井),主要为内幕型储层,目前勘探对象主要集中在风化壳储层,勘探程度高,而内幕型储层由于埋藏较深,勘探程度低。

四、成岩作用

火山岩成岩作用控制着储层原生孔隙的保存和次生孔隙的发育与分布。储层成因机理研究表明,对研究区有利储层形成起主要因素的是表生成岩阶段的风化淋滤

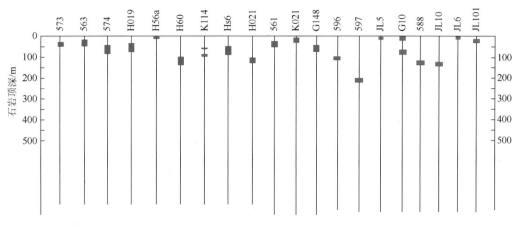

图 7-14　石炭系油气显示与距石炭系顶部深度关系

作用和埋藏成岩阶段的溶蚀作用，这两类作用影响下的次生孔隙发育程度是影响该区储层物性主要因素之一。风化淋滤作用发生在火山岩形成之后长期暴露在地表的阶段，该阶段岩体要遭受不同程度的风化淋滤作用，主要表现为导致岩体破碎和改变化学成分两个方面，且构造较高部位的岩体比构造低部位岩体更易风化淋滤。中拐凸起石炭系火山岩在长期暴露过程中，风化淋滤作用使得火山岩中的易溶组分发生溶解，在该阶段，溶解在地表及大气水中的 CO_2、H_2S 等气体提供了丰富的 H^-、CO_3^{2-} 等离子，使得进入火山岩体中的酸性液体大量溶蚀易溶组分（主要是斜长石）。溶解作用主要发生在埋藏成岩阶段，来源于地壳深部、地幔热液或排烃过程中产生的有机酸、无机酸等可溶性物质沿着不整合面、断裂面等进入火山岩体，对岩体中的斜长石、沸石及方解石等易溶组分进行溶解，产生大量的溶蚀孔、洞，从而有效改善了储层物性。

第二节　火山岩储层综合评价

一、火山岩储层综合评价标准

火山岩储层在我国的勘探开发程度不高，针对火山岩储层的评价通常沿用通行的行业标准或成熟火山岩探区指标。通行的行业标准针对性不强，难以精细评价特定的火山岩储层；成熟火山岩探区的储层评价指标多从物性、岩性、岩相、裂缝、圈闭、产能等指标展开，而且不同区块由于勘探程度和研究目的各异，采用的指标不尽相同，因此火山岩油藏储层评价尚缺乏较为系统和公认的标准。

本书根据中拐凸起石炭系火山岩岩性岩相、裂缝特征及发育规律、储层基本特征及孔隙结构、储层成因机理及主控因素，采用岩心资料与测井数据相匹配、动态特征与静态数据相结合、微观分析与宏观特征相对应、井点特征与区域规律相验证等多种方法，结合储层综合评价思路，参考火山岩储层评价的行业标准及成熟探区评价标准，结合实际生产需要，探索建立适用于中拐凸起石炭系火山岩储层的综合评价标准，并对储层进行综合评价。

根据岩性岩相分布、裂缝发育特征及分布规律、储层特征及成因机理、储层发育主控因素等研究结果，结合研究区生产实际，参考火山岩储层评价相关的行业标准，综合岩性岩相、物性及孔隙结构、风化淋滤、裂缝发育程度、古地貌及构造作用（断裂、不整合）等储层发育影响因素，选取岩性岩相、储集空间类型、古地貌、裂缝发育程度等定性指标，以及储层孔隙度、渗透率、孔隙结构、进汞饱和度等定量指标，采用定性评价指标与定量评价指标相结合的手段，建立火山岩储层评价标准（表 7-7），该标准可将火山岩储层划分为 I 类、II 类和 III 类三个类别。

表 7-7　中拐凸起石炭系火山岩储层评价标准

分类	孔隙度/%	渗透率/（×$10^{-3} \cdot \mu m$）	岩性	岩相	孔隙结构	进汞饱和度/%	储集空间	古地貌位置	裂缝发育程度
I 类	>7.5	>0.9	火山角砾岩 安山岩	爆发相 喷溢相	I 类 II 类	50>	溶孔、砾间孔、气孔、裂缝	残丘及边缘地带；断裂附近的缓坡	I 级
II 类	3.5～7.5	0.3～0.9	安山岩 凝灰岩	喷溢相 爆发相	II 类 III 类	30～50	溶孔、晶间孔、残余气孔、裂缝	缓坡及其边缘地带；断裂带附近的陡坡	II 级
III 类	<3.5	<0.3	玄武岩 花岗岩 火山沉积岩	喷溢相 侵出相 火山沉积相	III 类为主	<30	溶孔裂缝微裂缝	陡坡溶坪洼地沟槽	III 级

二、火山岩储层综合评价

1. I 类储层

I 类储层岩性主要包括火山角砾岩和部分安山岩，以爆发相和喷溢相为主；孔隙度平均值＞7.5%，渗透率平均值＞$0.9 \times 10^{-3} \mu m^2$，古地貌单元为残丘和溶坪，靠近断裂，裂缝发育情况为 I 级裂缝发育区，铸体及荧光薄片可见溶孔、砾间孔、原生气孔发育，岩心及成像测井显示裂缝发育，孔隙结构主要为 I 类孔隙结构及少量 II 类孔隙结构，进汞饱和度大于 50%。

I 类储层的典型代表如 K021 井 2598～2617m 井深段（图 7-15），该井段基于岩心（薄片）标定常规测井参数的遗传 BP 神经网络识别其岩性为火山角砾岩，孔隙度值为 2.1%～17.8%，渗透率值为 $0.2 \times 10^{-3} \sim 17.56 \times 10^{-3} \mu m^2$，成像测井显示斜交缝及半充填缝发育，孔隙结构为偏粗态型 I 类孔隙，该井段于 2009 年 12 月经过测试获得日产油 66.38t，获日产气 $0.76 \times 10^4 m^3$。

I 类储层在纵向上主要分布于断裂带附近的风化壳顶面以下 20～150m 处，此地带风化淋滤作用强，火山岩体遭受构造破裂作用及强烈的风化溶蚀，易于形成优质储层，是形成有效储层的最有利深度段，已发现的高产油气均位于此深度段内；I 类储层平面上的分布

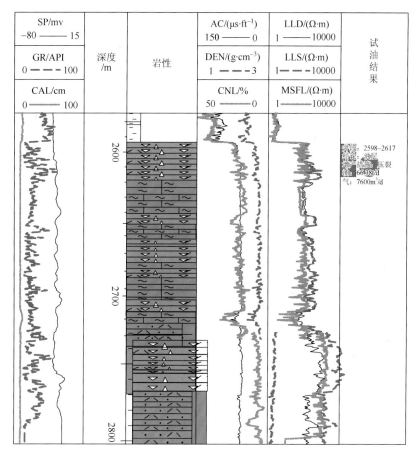

图 7-15 石炭系火山岩 I 类储层特征（K021 井）

主要位于构造高部位、断裂交汇部位的爆发相火山角砾岩和部分喷溢相安山岩中，古地貌单元为相对高部位的残丘和靠近断裂的缓坡地带，具体位于 561 井—K75 井—K77 井一带、572 井—596 井、H019—G148—G6—JL10 井—JL6 井一带以及 573 井区一带，该部位次生孔隙及裂缝发育，物性较好，为研究区最有利的高产油气富集区。

2. II 类储层

II 类储层岩性主要包括安山岩和部分凝灰岩及凝灰质火山角砾岩，以喷溢相和爆发相为主；孔隙度值平均值为 3.5%～7.5%，渗透率平均值为 0.35×10^{-3}～$0.9\times10^{-3}\mu m^2$，古地貌单元主要以缓坡为主，距离断裂稍远，裂缝发育情况为 II 级裂缝发育区，铸体及荧光薄片可见溶孔、晶间孔、残余气孔发育，岩心及成像测井显示裂缝发育较 I 级裂缝发育区差，孔隙结构主要为 II 孔隙结构，进汞饱和度大于 30%。

该类储层的典型代表如 G10 井 3964～3977m 深段（图 7-16），该井段基于岩心（薄片）标定常规测井参数的遗传 BP 神经网络识别其岩性为安山岩，物性分析其孔隙度值为 2.2%～9.5%，渗透率为 0.01×10^{-3}～$9.5\times10^{-3}\mu m^2$，成像测井显示有裂缝存在，孔隙结构为偏细态型 II 类孔隙，该井段经过测试获得日产油 0.003t，获日产气 $0.098\times10^4 m^3$，获日产水 26.8m^3。

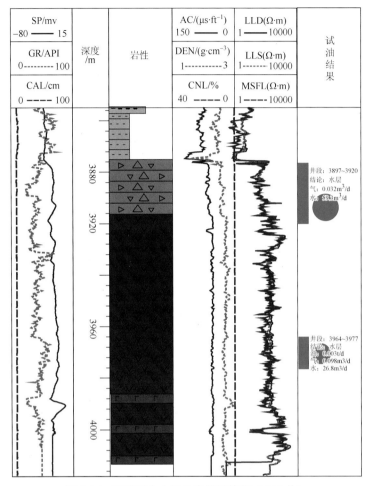

图 7-16　石炭系火山岩 II 类储层特征（G10 井）

　　II 类储层在纵向上的发育不仅与岩性差异有关，而且多发育于 I 类储层下方，且多位于距离断裂稍远的风化壳顶面以下 130～250m 范围内，该深度段油气显示情况较好，发现多口产油气显示井，但测试产量较 I 类差，原因可能与岩性、风化淋滤程度及裂缝发育程度有关；II 类储层在平面上主要发育于构造相对较高部位、距离断裂稍远的喷溢相安山岩中和部分爆发相凝灰岩及凝灰质火山角砾岩中（图 7-17），古地貌单元主要为缓坡，裂缝发育一般，该区与有利构造部位相匹配，局部也可形成有效储层。

　　3. III 类储层

　　III 类储层岩性主要包括玄武岩和花岗岩，以喷溢相和爆发相为主；孔隙度平均值在 3.5% 以下，渗透率平均值在 $0.30 \times 10^{-3} \mu m^2$ 以下，古地貌单元主要以溶沟及洼地为主，距离断裂较远，为III级裂缝发育区，铸体及荧光薄片可见溶孔、残余气孔等，岩心及成像测井显示裂缝发育程度低，孔隙结构主要为III孔隙结构，进汞饱和度小于 30%。

　　该类储层的典型代表如 JL5 井 2930～2949m 井深段（图 7-18），该井段基于常规测井参数的遗传 BP 神经网络预测岩性为花岗岩，物性分析其孔隙度为 1.8%～4.8%，渗透率为 $0.012 \times 10^{-3} \sim 3.5 \times 10^{-3} \mu m^2$，孔隙结构为细态型 III 类孔隙，该井段经过测试仅获得日产油 0.016t，获日产水 3.08m³。

图 7-17　中拐凸起石炭系储层综合评价图

　　III 类储层主要分布于岩性较为致密的喷溢相玄武岩和部分侵出相花岗岩中，古地貌单元主要为沟槽、溶沟及洼地，裂缝发育程度差，该类储层分布不均，储层性能较差，基本无经济开采价值。

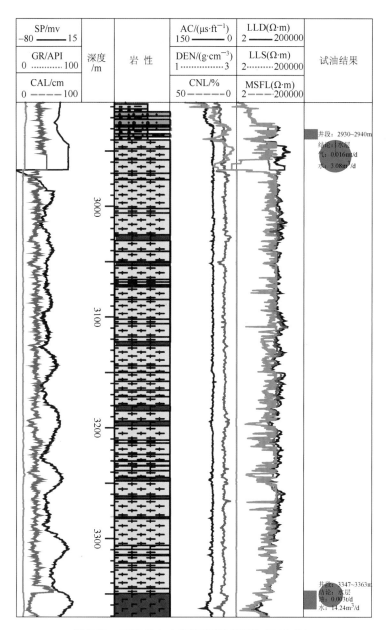

图7-18　石炭系火山岩Ⅲ类储层特征（JL5井）

　　储层综合评价结果与研究区生产实际进行对比，发现评价结果与生产实际吻合度高，这为下一步火山岩储层有利勘探目标优选及勘探部署提供了重要的地质依据。该储层在评价标准同时引入定性参数和定量参数，尤其引入了裂缝发育程度指标和古地貌单元指标，使得综合评价指标更为全面客观，更能反映各种储层主控因素对火山岩储层发育的实际影响程度，评价结果更为准确全面、形象直观。该火山岩储层综合评价体系不仅在研究区火山岩储层评价中具有较强的适用性，同时为其他具有类似特征的火山岩储层评价和油气勘探提供了可借鉴的技术思路。

第八章　中拐凸起火山岩油气成藏特征及富集规律

火山岩油气成藏特征的研究是研究火山岩中油气分布规律的基础，也是开展有效储层预测和评价的重要参考。火山岩油气藏的形成和其他油气藏一样，同样具备生、储、盖、运、圈、保等成藏基本条件及其在时空上的有机匹配。由于火山岩储集层的特殊性，其成藏特征与常规沉积岩储层相比更加复杂。

第一节　油气成藏主控因素

一、烃源岩对油气成藏的控制

火山岩本身不具有生油的能力，火山岩油气藏形成的必要条件是紧邻生油凹陷，具有丰富的油气来源。火山岩与烃源岩的组合关系主要有四种：火山岩刺穿上覆沉积岩，位于烃源岩中；火山岩夹于沉积岩或烃源岩中间，与烃源岩平行分布；火山岩位于烃源岩上方；火山岩位于烃源岩下方。

目前已知的中拐凸起石炭系油气主要来源于二叠系下佳木河组和风城组，其次是乌尔禾组。佳木河组烃源岩是主要以暗色泥岩为主，纵向上主要分布在佳木河组下亚段，在整个西北缘分布较广，仅在中拐凸起中部部分区域由于风化剥蚀而缺失，往断裂带、玛湖凹陷、盆 1 井西凹陷和沙湾凹陷展布，向西北缘断裂带方向逐渐加厚，而向中拐凸起中心方向减薄直至尖灭，佳木河组烃源岩最大厚度可达 250m 以上（图 8-1）。佳木河组烃源岩有机质丰度高，有机碳平均含量为 2.23%，氯仿沥青 "A" 平均含量为 0.0042%，总烃含量为 0.12mg/g，机质类型主要以 III 型为主（少量 II_1 和 II_2 型），烃源岩镜质体反射率 Ro 平均值为 1.24%～1.85%，Tmax 平均值为 450℃，甾烷成熟度参数 $C_{29}\alpha\alpha\alpha20S/$（20S+20R）平均为 0.48，处于成熟—高成熟阶段，其生烃中心位于玛湖凹陷西南部及西北缘断裂带。

风城组烃源岩有机质丰度高，有机质类型主要以 I、II 型为主，烃源岩镜质体反射率 Ro 平均值为 0.8%～1.12%，甾烷成熟度参数 $C_{29}\alpha\alpha\alpha20S/$（20S+20R）平均为 0.46，处于生烃高峰期，以生油为主，往凹陷深部烃源岩演化程度较高，已达到高过成熟阶段，生烃中心主要位于玛湖凹陷和沙湾凹陷的东西部。中拐凸起地处玛湖凹陷、盆 1 井西凹陷和沙湾凹陷三大富生烃凹陷汇聚区，紧邻佳木河组和风城组两套烃源岩生烃中心，油气源充足，为油气运移的有利指向区，构造位置十分有利。烃源岩的分布范围控制了现今的中拐地区石炭系的油气分布，特别是距离烃源岩较近的隆起部位及斜坡区，是目前油气发现和勘探效果最好的地区。

二、断裂对油气成藏的控制

断裂在油气藏形成中起重要控制作用，一方面，断裂在油气成藏过程中不仅作为连接

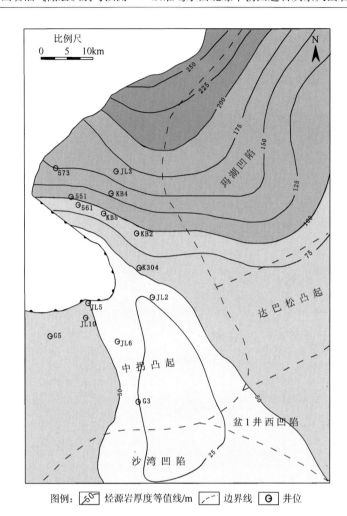

图 8-1　中拐凸起佳木河组烃源岩厚度等值线（据新疆油田勘探开发研究院，2011）

烃源岩与圈闭之间的桥梁，也是油气聚集的遮挡层；另一方面，断裂活动产生的流体压力差不仅能为油气运移提供动力，而且使得脆性的火山岩产生大量裂缝，极大地改善火山岩的储集性能。

　　准噶尔西北缘中拐凸起自石炭纪火山岩形成以来，分别经历了多个期次、多种性质的构造运动过程，形成复杂的断裂组合。总体上讲，该区断裂主要以逆冲断裂为主，形成时间较早，延伸长度长，如 598 井断裂、五区南断裂和 H3 井东断裂（图 8-2），都是华力西期形成的控制构造格局的北西和近东西走向的走滑逆断裂，断开层位从石炭系（C）断至二叠系（P）以上，纵向上沟通烃源岩与上部风化壳储层，为油气的运移提供了输导通道，使得油气主要围绕断裂带附近分布，如 JL10、JL6、JL101 及 JL061 等油气显示井均沿着 H3 井东断裂带呈条带状分布。该区断裂除规模较大的主控断裂外，内部次级断裂也极为发育，这些次级断裂多分布在背斜核部或主断裂的旁侧，次级断裂活动时间短，断距和规模都小，如 JL6 井南 1 号断裂、JL10 井南 2 号断裂等，这些次级断裂在活动期间主要起沟通油气，使油气沿断裂作垂向运移的作用，当断裂活动稳定时则起封闭作用。主控断裂和次级断裂组合，形成沿主控断裂发育的多个局部断块圈闭发育带（表 8-1）。此外，次级断裂带周围岩体较为破碎，裂缝较为发育，对储层物性的改善效果明显，并且距离断裂带越近，裂缝密度越大，距离断裂带越远，裂缝密度越小，油气的有利富集区也主要沿着断裂附近分布。

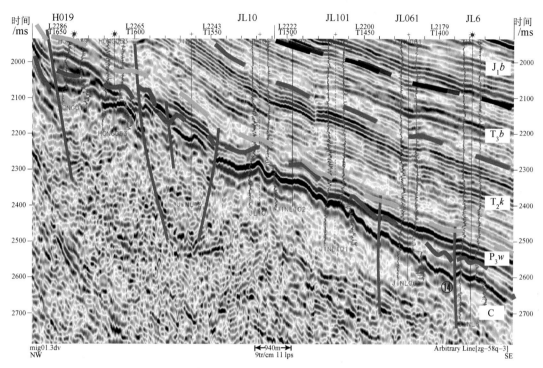

图 8-2　中拐凸起石炭系地震解释剖面

表 8-1　中拐凸起石炭系断层圈闭要素

序号	圈闭名称	圈闭要素		
		面积/km²	闭合度/m	高点埋深/m
1	597 井南断块	7.8	480	2460
2	598 井北断块	6.3	460	2570
3	JL6 井北 3 号断块	4.4	300	3350
4	JL6 井北 2 号断块	2.8	300	3350
5	JL6 井北 1 号断块	6.3	360	3330
6	G16 井南断块	1.8	160	2770
7	G10 井东断鼻	2.4	180	4010
8	598 井西断块	24.8	540	2630
9	G114 井西断块	9.9	380	2870
10	G26 井东断块	13.0	300	2990

序号	圈闭名称	圈闭要素		
		面积/km²	闭合度/m	高点埋深/m
11	G16 井西断块	3.4	260	2690
12	JL11 井北断块	7.2	280	3030
13	JL10 井北断块	5.2	320	2990
14	G150 井西断块	7.4	1400	3090
15	G148 井南断块	1.9	160	3010
16	JL10 井南断块	4.3	200	3230
17	JL10 井东断块	6.5	220	3370
18	G10 井东断鼻	2.4	180	4010
19	JL6 井南断块	4.3	220	3370

三、岩性岩相对油气成藏的控制

　　火山岩发育并占绝对优势是中拐凸起石炭系的主要特征。多期次的火山活动，使得火山岩岩石类型多样、结构复杂、横向变化快，火山岩岩性、岩相的时空分布与配置关系控制了火山岩岩性圈闭的发育和分布。从区内火山岩储层统计来看，储层岩性主要有凝灰岩、安山岩、花岗岩、火山角砾岩和玄武岩等，其中爆发相火山角砾岩和喷溢相安山岩储层物性最优，油气测试效果最好，玄武岩和花岗岩物性及油气显示差，凝灰岩测试情况介于两者之间，其原因主要是不同的火山岩相具有不同的结构和构造，具有不同的物理化学性质，在遭受构造运动、风化淋滤等过程中，产生不同规模与性质的孔隙空间与孔缝结构组合。

　　研究区爆发相火山角砾岩主要分布于 596 井、K021 井、H56A 井、580 井—591 井及 JL6 井一带，沿红车断裂及克—乌断裂呈不连续条带状分布，其中安山岩主要发育于中拐凸起及东斜坡上。从目前已有的钻井和试油资料显示，中部及五八区爆发相火山角砾岩多口井发现工业油流，喷溢相安山岩部分井中也具有良好的油气显示，说明该区爆发相火山岩角砾岩和喷溢相安山岩确实是油气成藏最有利的岩性岩相，南部及东部石炭系埋藏较深，钻井资料目前不多，成藏特征还需进一步落实。

四、不整合面（风化淋滤）对油气成藏的控制

　　在整个中拐凸起，石炭系火山岩形成之后遭受强烈的构造挤压破裂作用和长时间的风化淋滤作用，地层顶部发育区域性的不整合面，使得石炭系地层与其上三叠系（局部二叠系）直接接触。不整合面的存在不仅作为油气运移的主要通道，同时也是形成古潜山型、地层剥蚀型以及地层超覆型等各类圈闭的关键。

石炭系顶部不整合面形态整体上西高东低，不整合对油气成藏的影响主要体现在三个方面。一方面，油气顺岩断裂运移至不整合面后，沿着不整合面上倾方向向西运移，运移至合适的圈闭中便充注其中形成油气藏；另一方面，不整合面以下的火山岩体在风化淋滤过程中，物理风化和构造运动使得岩石风化破碎，化学风化使得破碎的岩体中易溶组分被溶蚀，使得次生溶蚀孔、洞、缝发育，可形成典型的风化壳型火山岩储层；第三方面，不整合面附近的风化土壤层，后期受到上覆地层的压实，发生水溶和泥质充填，某些黏土矿物遇水膨胀，使得不整合面附近储集空间减少，有利于形成油气的盖层。

五、继承性古隆起对油气成藏的控制

整个准噶尔盆地西北缘石炭系储集条件相对较差，但局部仍富集大量油气，说明油气藏形成的其他条件比较优越，其中继承性古隆起便是其中重要的因素之一。古隆起是火山岩油气成藏的重要构造背景。中拐凸起是准噶尔盆地西北缘富油凹陷中的正向构造单元，受石炭纪至早二叠世挤压应力场的作用而形成的宽缓鼻状古隆起，形成之后分别经历了印支、燕山及喜山等多期构造运动，整体构造形态由红车断裂带沿 SE 方向向准噶尔盆地倾没的继承性古隆起。古隆起上构造高部位和斜坡区是油气运移的指向区，同时这些高部位和斜坡区也是风化淋滤强烈的地带，对储层改善和油气富集具有重要的影响，是寻找有利勘探目标的重点对象。

结合研究区勘探情况来看，在古隆起高部位上钻遇石炭系火山岩的 K021 井、JL10 井、H56A 井等多口探井均见到良好的油气显示；另外，斜坡区的 G10 井、JL6 井等探井油气显示也较好。通过研究发现，古构造高部位和现今构造高部位耦合较好的部位，是油气富集的有利区，古构造部位为构造高点或者斜坡区，现今构造部位也位于高点或者斜坡的部位，对油气富集最为有利。

六、盖层对油气成藏的控制

盖层和封存条件是火山岩油气藏形成、保存不可或缺的条件。中拐凸起石炭系火山岩储层上部主要发育两套沉积岩盖层，即上乌尔禾组泥岩盖层和三叠系克拉玛依组底部泥岩盖层。中拐凸起剥蚀区石炭系火山岩之上直接沉积了二叠系上乌尔禾组，上乌尔禾组乌一段发育一套稳定的湖相泥岩，平均厚度约为 80m，是中拐凸起内部重要的区域性盖层，乌一段泥岩与下伏石炭系火山岩形成良好的储盖组合（图 8-3）。在研究区北部中拐五八区的 596 井、597 井区，由于二叠系缺失，石炭系火山岩之上直接沉积了三叠系克拉玛依组地层，在三叠系克拉玛依组底部发育一套厚约 50m 左右的泥岩，也可与其下伏石炭系火山岩形成一套较为有利的储盖组合。此外，在石炭系火山岩内部的致密岩石及火山岩顶部风化剥蚀面附近风化淋滤的产物经过压实、充填之后也可与下伏火山岩形成局部储盖组合。

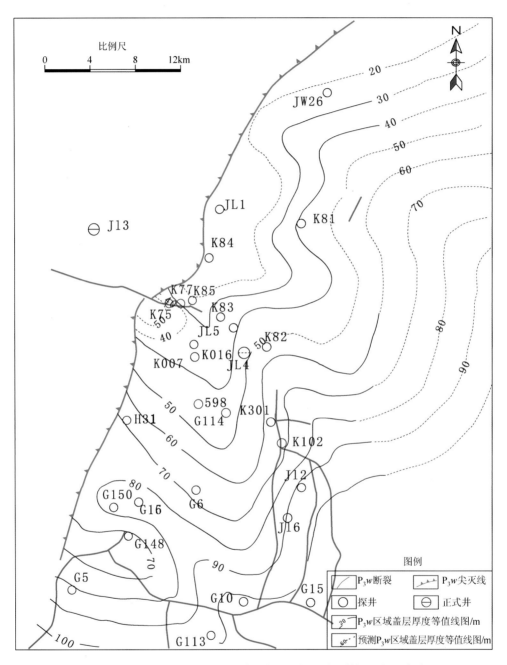

图 8-3　中拐凸起乌尔禾组泥岩盖层厚度等值线（据新疆油田勘探开发研究院，2011）

第二节　成藏模式及油气富集规律

一、油气成藏模式

对中拐凸起石炭系火山岩油气成藏主控因素的分析表明,该区火山岩油气藏具有近源捕获油气、风化淋滤与成岩作用改善储层性能、断裂和不整合面运聚、构造及有利火山岩体匹配成藏的特点。

根据火山岩成藏特征,建立中拐凸起石炭系火山岩油气成藏模式,如图 8-4 所示。该区火山岩岩相以中—基性爆发相和喷溢相为主,火山岩形成之后在石炭纪—二叠纪经历了强烈的抬升、褶皱和剥蚀,石炭系顶部风化淋滤形成的不整合面及内部次级断裂改善了储层的储集性能;石炭系之上沉积了上乌尔禾组稳定的湖相泥岩,与下伏石炭系形成良好储盖组合;区内发育的主控断层为油气的运移提供了通道,油气沿主控断层两侧形成条带状、块状油气聚集带。因此从整体来看,中拐凸起火山岩储层主要有两种类型,一种是受不整合面控制的构造-岩性型储层,另一种是主要受岩性控制的石炭系内幕型储层。

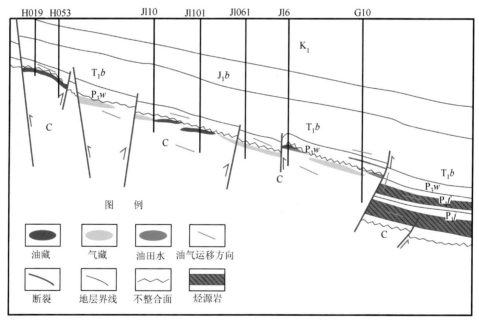

图 8-4　中拐凸起石炭系火山岩油气成藏模式

二、火山岩油气富集规律

火山岩油气藏的形成受多种因素控制,其油气分布区有其自身独特的规律,主要体现在以下几个方面。

(1)平面上油气富集主要与断裂带、不整合面(古地貌)及岩相展布关系密切(图 8-5)。主控断裂带附近、古地貌高部位及靠近断裂的斜坡地带,爆发相及喷溢相发育区是油气在平面上的优势富集区，这三个区域几乎集中了研究区全部的高产井（596 井、H56A 井、H019 井、G16 井、JL6 井、JL10 井、K021 井等），油气在平面上的这种富集规律与断裂带、不整合（古地貌）、岩相的密切关系并非偶然，因为油气富集的这些部位汇集了火山岩成藏的全部有利因素。

①位于中拐凸起隆起区，与烃源岩配置合理，属油气长期运聚的有利指向区；

②爆发相火山角砾岩与喷溢相安山岩沿断裂带展布，为油气储集提供了原始物质基础；

③构造挤压及抬升造成断裂及裂缝发育，不仅成为油气运移通道，也改善了火山岩储集空间，为油气运移及聚集成藏提供了有利条件；

④古构造高部位及斜坡区遭受风化淋滤产生大量溶蚀孔、洞，成为优质储层发育区，是火山岩油藏高产富集的关键。中拐五八区油气富集区（561 井、574 井等）及中拐凸起油气富集区（596 井—K021 井—H56A 井—H019 井—JL10 井—G10 井一带）位于断裂带附近、古构造高部位或斜坡区、有利岩相等三个成藏主控因素的有利叠合部位，是平面上最有利的油气富集区。

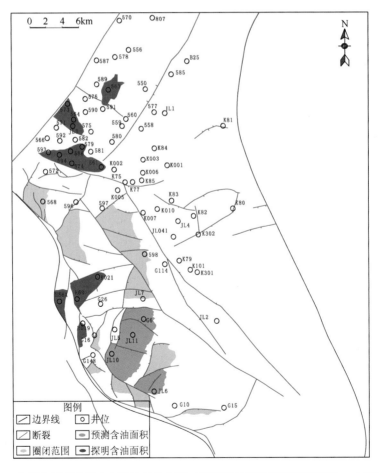

图 8-5 中拐凸起石炭系火山岩油气分布图（据新疆油田勘探开发研究院，内部资料）

（2）纵向上油气富集主要沿不整合面（古地貌）呈不连续的层状分布。纵向上，油气分布主要受石炭系不整合面控制，距不整合面越近，火山岩体风化淋滤程度越高，储层物性越好，随着与不整合面距离的增大，孔隙度和渗透率均明显减小。对研究区 20 余口井含油气层段进行统计分析，发现研究区钻井的油气显示深度均位于石炭系顶不整合面以下20～240m 处，其中距离石炭系顶不整合面以下 20～130m 为油气显示最为集中的位置，距离石炭系顶不整合面以下 130～240m 也有部分井段有显示，但是聚集程度明显降低，可见油气纵向富集区主要位于不整合面以下一定深度范围内，越靠近不整合面，高产油气聚集程度越高。

除了石炭系不整合面附近为有利的油气富集区以外，石炭系内幕也是油气富集的有利场所，是该区寻找规模油气藏的希望所在，如 596 井在石炭系顶面以下 800m 深度仍见到较好的油气显示，说明石炭系内幕已经具备储油气能力，尤其是断裂带附近的爆发相火山角砾岩发育区，应该是内幕型储层勘探的重点目标。

中拐凸起石炭系火山岩油气成藏是烃源、岩性（岩相）、断裂及古构造（古隆起）、不整合面风化淋滤、盖层等多因素影响下的综合表现，油气分布具有沿三带）、一面分布的规律，结合储层评价结果及勘探实际，下一步火山岩油气勘探目标优选应该从三带（靠近断裂带、构造高部位地带、有利岩相发育带）、一面（不整合面附近）的分布入手，积极寻找和拓展研究区火山岩油气勘探新目标和新领域。

三、有利勘探目标

中拐凸起石炭系火山岩勘探主要勘探范围以中拐凸起中部、中拐五八区和中拐东斜坡为主体，结合石炭系火山岩发育区以及石炭系有效勘探深度（约为 5000m），其有效勘探面积约为 600km^2。从勘探程度来看，研究区目前勘探程度不高，区内仅有 20 余口探井钻至石炭系，油气显示普遍较好，其中 K021、H019、G16、JL10、JL101等多井获高产工业油气流，具有整个领域普遍成藏和较大规模的特点。从地质储量来看，中拐凸起石炭系已提交了 G16 井断块、JL6 井区、JL10 井区、JL11 井区、JL12井区、JL14 井区等六个区块的预测储量，含油面积合计 46.8km^2，预测储量达8106×10^{4}t。

已有的油气显示均位于有利的成藏要素及有利储层发育区的叠合部位：火山角砾岩及安山岩分布区，为有利的岩相；位于继承性的隆起高部位或斜坡区，为油气持续运移的有利指向区；主控断裂为油气提供有效的运移通道；后期改造（风化淋滤、构造裂缝）使得储层物性更好，是油气有利聚集部位。

综合中拐凸起石炭系火山岩油气藏储层主控因素、储层综合评价结果、油气成藏的主控因素及分布规律，结合研究区目前勘探现实情况，认为下一步油气勘探应该从岩性岩相、风化淋滤、断裂等成藏要素入手，针对有利储层进行目标选择与评价，其有利勘探目标包括 3 个区域（图 8-6）。

（1）中拐凸起中部 JL6 井—JL10 井区及其周边，该区优势岩相为爆发相火山角砾岩及喷溢相安山岩；裂缝预测结果为 I 级裂缝发育区，储层评价为 I 类储层发育区；临近顶面与乌尔禾组泥岩盖层直接接触，南部紧邻 H3 井东侧主控断裂，生储盖组合条件优越，有利于油气运移与聚集；处于古构造有利部位，次级断裂及裂缝发育，风化淋滤及构造裂缝程度高，有利于油气富集；该区块在 JL10 井、JL101 井、JL11 井、JL061 井等井均发现了良好的油气显示，是该区火山岩勘探最为有利的目标。

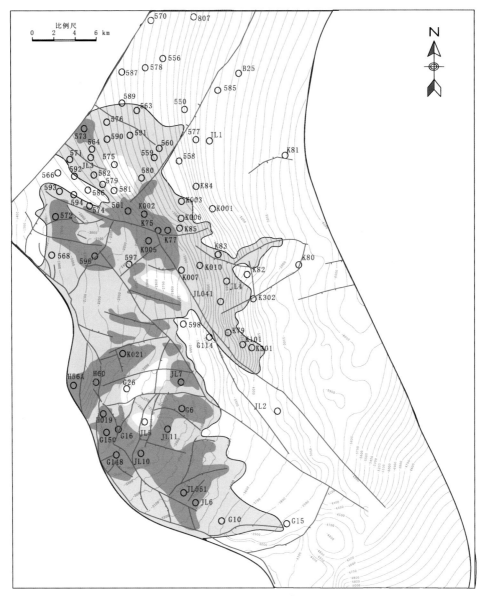

图例　⬚等值线/m　◯井位　⬚边界线　⬚断裂　⬛Ⅰ类储层　⬚Ⅱ类储层

图 8-6　中拐凸起石炭系火山岩勘探有利目标选择

（2）中拐凸起中部 H56A 井—K021 井—598 井区及其周边，该区优势岩相为爆发相火山岩角砾岩及喷溢相安山岩；裂缝预测结果为Ⅰ级裂缝发育区，而且是有效裂缝分布区，储层评价为Ⅰ类储层发育区；顶面与乌尔禾组泥岩盖层直接接触，南部紧邻五区南主控断裂，生储盖组合条件优越，有利于油气运移与聚集；处于古构造有利部位，次级断裂及裂缝发育，风化淋滤及构造裂缝程度高，有利于油气富集；该区块钻井较少，在已钻的 K021井、H56A 井等探井均发现良好的油气显示，也是该区火山岩勘探有利的目标。

（3）中拐五八区与中拐东斜坡区交接位置的 561 井—K007 井—JL041 井区及附近，该区优势岩相为喷溢相安山岩；裂缝预测结果为 I 级或 II 裂缝发育区，储层评价为 I 类及 II 储层发育区；生储盖组合条件也较好，处于古构造缓坡-陡坡过渡地带，次级断裂及裂缝发育，风化淋滤及构造裂缝程度较高，是该区火山岩勘探的远景勘探目标区。

第九章　经验与总结

火山岩油气资源是世界石油天然气资源的重要组成部分。尽管火山岩油气勘探储量仅占全球油气储量的 1%，但其勘探潜力巨大，尤其对缓解我国能源需求有着十分重要的作用。

与碎屑岩和碳酸盐岩等沉积型储层不同，火山岩储层具有成因特殊、内幕结构复杂、岩性岩相变化大、储集空间组合类型多、裂缝发育、储渗模式复杂、油藏隐蔽性强、储层控因多等特点，尤其在油气勘探早期阶段，勘探难度较大，这也是全球火山岩油气勘探程度总体较低的主要原因。中拐凸起石炭系火山岩油气资源丰富，已经取得一系列重大突破和成效。实际上，准噶尔西北缘的火山岩储层具有其独特的特征，只要把握了这些独特的储层发育规律，对其储层进行识别和预测，就可以取得良好的勘探效果。

中拐凸起石炭系火山岩储层主要沿着三带（靠近断裂带、古构造高部位地带、有利岩相发育带）、一面（不整合面附近）呈条带状分布。储层发育受岩性岩相、构造运动、风化淋滤及成岩作用影响，笔者认为构造运动和风化淋滤是最为关键的两个因素，其次才是岩性岩相和成岩作用的影响。多期次的构造运动能造成断裂及大量构造裂缝的产生，不仅形成新的可供油气储集和运移的空间，而且使得孤立的各类孔隙有效地连接起来，形成畅通的流体网络系统；长时间的风化淋滤作用可以有效改善次生孔隙的发育程度，使各类火山岩均有可能形成有效储层，这实际上弱化了岩性（岩相）对储层发育的影响；另外，构造运动形成起伏不平的古地貌，进一步强化古地貌高部位风化淋滤作用的程度。所以，构造运动与风化淋滤作用相互影响、相互促进，严格地控制和影响储层的分布范围，已有的勘探实际也证实了这一点。

将中拐凸起石炭系火山岩储层识别与预测的结果和实际的生产实际进行对比发现，储层岩性识别与岩相解释、裂缝预测、储层表征及评价、油气富集规律等研究结果和现有的生产实际较为吻合。K021、H019 等测试的高产井大部分都位于风化面附近的古构造较高部位，测试低产井大都位于距离风化面较远的古构造相对低部位。

通过以上综合分析可见，中拐凸起石炭系火山岩储层的识别与预测的这一系列研究内容和手段是有效的，可以为火山岩油气勘探提供有效的指导和参考，也可以为邻区或者类似含油气盆地中火山岩油气储层的有序勘探提供有效的研究思路和借鉴意义。

主要参考文献

陈军, 范晓敏, 莫修文. 2007. 火山碎屑岩岩性的测井识别方法[J]. 吉林大学学报 (地球科学版), 37: 99-13.

陈薇, 司学强, 智凤琴, 等. 2013. 三塘湖盆地卡拉岗组火山岩储层成岩作用[J]. 西南石油大学学报: 自然科学版, 35 (4): 35-42.

陈新发, 匡立春, 查明, 等. 2014. 火山岩油气藏成藏机理与勘探技术——以准噶尔盆地为例[M]. 北京: 科学出版社.

陈旋, 刘书强, 王鹏, 等. 2010. 马朗凹陷火山岩储层预测技术研究[J]. 吐哈油气, 15 (3): 223-228.

陈岩. 1988. 克拉玛依油田石炭系火山岩油藏剖析[J]. 新疆石油地质, 9 (1): 17-31.

陈业全, 王伟锋. 2004. 准噶尔盆地构造演化与油气成藏特征[J]. 石油大学学报: 自然科学版, 28 (3): 4-9.

程华国, 袁祖贵. 2005. 用地层元素测井 (ECS) 资料评价复杂地层岩性变化[J]. 核电子学与探测技术, 25 (3): 233-238.

初宝杰, 张莉, 夏斌, 等. 2003. 松辽盆地三肇地区低渗透油田构造裂缝特征[J]. 地球化学, 31 (3): 36-37.

戴俊生, 徐建春, 孟召平, 等. 2003. 有限变形法在火山岩裂缝预测中的应用[J]. 石油大学学报: 自然科学版, 27 (2): 1-10.

邓虎成, 周文, 姜文利, 等. 2009. 鄂尔多斯盆地麻黄山西区块延长、延安组裂缝成因及期次[J]. 吉林大学学报: 地球科学版, 39 (5): 811-817.

邓攀. 2002. 火山岩储层构造裂缝的测井识别及解释[J]. 石油学报, 23 (6): 32-36.

董小魏. 2008. 兴城地区火山岩裂缝测井响应特征[J]. 新疆石油天然气, 4 (4): 33-36.

杜景霞, 石文武, 王全利, 等. 2013. 南堡凹陷火山岩时空展布特征及岩石类型[J]. 石油地质与工程, 27 (6): 11-14.

范存辉, 李虎, 支东明, 等. 2003. 新疆小拐地区二叠系佳木河组裂缝分布规律探讨[J]. 地质科技情报. 地球化学, 31 (3): 36-37.

范存辉, 秦启荣, 姚卫江, 等. 2012. 小拐油田二叠系佳木河组储层裂缝发育特征[J]. 地质科技情报, 31 (4): 17-21.

范存辉, 秦启荣, 支东明, 等. 2012. 准噶尔盆地西北缘中拐凸起石炭系火山岩储层裂缝发育特征及主控因素[J]. 天然气地球科学, 23 (1): 81-87.

范存辉, 王彭, 秦启荣, 等. 2013. 松辽盆地杏树岗油田低渗透储层裂缝发育特征[J]. 特种油气藏, 20 (3): 36-40.

范存辉, 周坤, 秦启荣, 等. 2014. 基底潜山型火山岩储层裂缝综合评价——以克拉玛依油田四$_2$区火山岩为例[J]. 天然气地球科学, 25 (12): 1932-1938.

范宜仁, 黄隆基, 代诗华. 2007. 交会图技术在火山岩岩性与裂缝识别中的应用[J]. 测井技术, 23 (1): 53-64.

傅强, 王家林, 周祖翼. 1999. 利用岩矿记忆信息恢复基岩潜山裂缝储层形成的机制[J]. 地质论评, 45 (4): 434-438.

高艳, 高天浩, 刘锐锋, 等. 2012. Jason 反演技术在腰英台地区营城组火山岩储层预测中的应用[J]. 科学技工程, 12 (16): 3835-3838.

高印军, 郭春东, 余忠, 等. 2000. 综合解释技术在孔南地区火成岩油藏研究中的应用[J]. 石油勘探与开发, 27 (3): 81-83.

高有峰, 刘万洙, 纪学雁, 等. 2007. 松辽盆地营城组火山岩成岩作用类型、特征及其对储层物性的影响[J]. 吉林大学学报: 地球科学版, 37 (6): 1251-1258.

关旭, 周路, 宋永, 等. 2013. 西泉地区电阻率参数反演及火山岩储层预测[J]. 西南石油大学学报: 自然科学版, 35 (3): 67-74.

何登发, 陈新发, 况军, 等. 2010. 准噶尔盆地石炭系油气成藏组合特征及勘探前景[J]. 石油学报, 31 (1): 1-11.

何登发, 陈新发, 张义杰, 等. 2004. 准噶尔盆地油气富集规律[J]. 石油学报, 25 (3): 1-10.

侯连华, 王京红, 邹才能, 等. 2011. 火山岩风化体储层控制因素研究——以三塘湖盆地石炭系卡拉岗组为例[J]. 地质学报, 85 (4): 557-562.

侯连华, 邹才能, 匡立春, 等. 2009. 准噶尔盆地西北缘-克百断裂带石炭系油气成藏控制因素新认识[J]. 石油学报, 30 (4): 513-517.

侯连华, 邹才能, 刘磊, 等. 2012. 新疆北部石炭系火山岩风化壳油气地质条件[J]. 石油学报, 33 (4): 534-540.

侯启军. 2011. 松辽盆地南部火山岩储层主控因素[J]. 石油学报, 2 (5): 750-756.

黄洪冠, 徐胜峰. 2012. 谐振法油气检测技术在火山岩储层预测中的应用[J]. 石油天然气学报, 34（10）：47-50.

黄薇, 印长海, 刘晓, 等. 2006. 徐深气田芳深 9 区块火山岩储层预测方法[J]. 天然气工业, 26（6）：14-17.

贾文玉, 田素月. 2000. 成像测井技术与应用[M]. 北京：石油工业出版社.

姜传金, 冯肖宇. 2009. 火山岩储层预测的地震反演方法[J]. 大庆石油地质与开发, 28（6）：304-307.

姜洪福, 师永民, 张玉广, 等. 2009. 全球火山岩油气资源前景分析[J]. 资源与产业, 11（3）：20-22.

科普切弗-德沃尔尼科夫 B C, 雅科夫列娃 E B, 彼特罗娃 M A（周济群, 黄光昭译, 张遐龄校）1978. 火山岩及研究方法[M].
　　　北京：地质出版社, 110-82.

赖世新, 黄凯, 陈景亮, 等. 1999. 准噶尔晚石炭世、二叠纪前陆盆地演化与油气聚集[J]. 新疆石油地质, 20（4）：293-298.

兰朝利, 王金秀, 杨明慧, 等. 2008. 低渗透火山岩气藏储层评价指标刍议油[J]. 油气地质与采收率, 15（6）：32-35.

郎晓玲, 韩龙, 王世瑞, 等. 2010. XB 地区火山岩岩相划分及储层精细刻画[J]. 石油地球物理勘探, 45（2）：272-276.

李春林, 刘立, 王丽. 2004. 辽河断陷东部凹陷火山岩构造裂缝形成机制[J]. 吉林大学学报：地球科学版, 34（5）：46-50.

李冬梅, 陈福利, 李建芳, 等. 2010. 常规测井火山岩储层评价新方法[J]. 重庆科技学院学报：自然科学版, 12（1）：56-58.

李建良. 2005. 成像测井新技术在川西致密碎屑岩中的应用[J]. 测井技术, 29（4）：325-327.

李军, 薛培华, 张爱卿, 等. 2008. 准噶尔盆地西北缘中段石炭系火山油藏储层特征及其控制因素[J]. 石油学报, 29（3）：
　　　329-335.

李明, 戴俊生, 冯建伟, 等. 2007. 乌夏地区二叠系火山岩储集层裂缝特征[J]. 新疆石油地质, 28（4）：422-424.

李瑞磊, 冯晓辉, 李增玉, 等. 2012. 松辽盆地南部营城组火山岩裂缝的叠前地震识别[J]. 成都理工大学学报：自然科学版,
　　　39（6）：611-615.

李伟, 何生, 谭开俊, 等. 2010. 准噶尔盆地西北缘火山岩储层特征及成岩演化特征[J]. 天然气地球科学, 21（6）：909-916.

李玮, 胡健民, 渠洪杰. 2010. 准噶尔盆地周缘造山带裂变径迹研究及其地质意义[J]. 地质学报, 84（2）：171-182.

李喆, 王璞珺, 纪学雁, 等. 2007. 松辽盆地东南隆起区营城组火山岩相和储层的空间展布特征[J]. 吉林大学学报：地球科学版,
　　　37（6）：1224-1231.

刘成林, 高嘉玉, 等. 2008. 松辽盆地深层火山岩储层成岩作用与孔隙演化[J]. 岩性油气藏, 2008, 20（4）：33-37.

刘登明, 郭翔, 朱峰, 等. 2011. 地震属性分析在三塘湖盆地火山岩储层预测中的应用[J]. 特种油气藏, 18（4）：14-18.

刘和甫. 1995. 前陆盆地类型及褶皱-冲断层样式[J]. 地学前缘, 2（3-4）：59-68.

刘嘉麒, 孟凡超, 崔岩, 等. 2010. 试论火山岩油气藏成藏机理[J]. 岩石学报, 26（1）：1-13.

刘俊田, 李华明, 覃新平, 等. 2009. 牛东区块石炭系卡拉岗组火山岩储层预测研究[J]. 勘探地球物理进展, 32（5）：370-374.

刘俊田. 2009. 三塘湖盆地牛东地区石炭系卡拉岗组火山岩风化壳模式与识别[J]. 天然气地球科学, 20（1）：57-62.

刘诗文. 2001. 辽河断陷盆地火山岩油气藏特征及有利成藏条件分析[J]. 特种油气藏, 8（3）：6-10.

刘万洙, 陈树民. 2003. 松辽盆地火山岩相与火山岩储层的关系[J]. 石油与天然气地质, 24（1）：18-23.

刘为付, 孙立新, 刘双龙, 等. 2002. 模糊数学识别火山岩岩性[J]. 特种油气藏, 9（1）：14-17.

刘绪纲, 孙建孟, 郭云峰. 2005. 元素俘获谱测井在储层综合评价中的应用[J]. 测井技术, 29（3）：236-239.

刘绪钢, 孙建孟. 2004. 新一代元素俘获谱测井仪（ECS）及其应用[J]. 国外测井技术, 19（1）：26-30.

刘之的, 汤小史, 林杠. 2008. 准噶尔盆地九区南火山岩裂缝识别方法研究[J]. 国外测井技术, 168：13-14.

柳广ամ, 张义杰. 2002. 准噶尔盆地复合油气系统特征, 演化与油气勘探方向[J]. 石油勘探与开发, 29（1）：36-39.

陆建林, 全书进, 朱建辉, 等. 2007. 长岭断陷火山喷发类型及火山岩展布特征研究[J]. 石油天然气学报：江汉石油学院学报,
　　　29（6）：29-32.

罗静兰, 邵红梅, 张成立. 2003. 火山岩油气藏研究方法与勘探技术综述[J]. 石油学报, 24（1）：31-38.

毛翔, 李江海, 张华添. 2014. 准噶尔盆地隆起区石炭系顶面不整合及其意义[J]. 古地理学报, 16（4）：527-536.

潘建国, 郝芳, 谭开俊, 等. 2007. 准噶尔盆地西北缘天然气特征及成藏规律[J]. 石油天然气学报, 29（2）：20-23.

彭红利, 熊钰. 2005. 主曲率法在碳酸盐岩气藏储层构造裂缝预测中的应用研究[J]. 天然气地质学, 16（3）：343-346.

秦启荣, 苏培东. 2006. 构造裂缝类型划分与预测[J]. 天然气工业, 26（10）：33-36.

秦小双, 师永民, 吴文娟. 2012. 准噶尔盆地石炭系火山岩储层主控因素分析[J]. 北京大学学报：自然科学版, 48（1）：54-60.

邱家骧, 陶奎元, 赵俊磊, 等. 1996. 火山岩[M]. 北京：地质出版社.

裘亦楠, 薛淑浩. 1997. 油气储层评价技术[M]. 北京: 石油工业出版社: 90-94.

裘怿楠, 薛淑浩. 1997. 油气储层评价技术[M]. 北京: 石油工业出版社: 187-193.

冉启全, 王拥军, 孙圆辉, 等. 2011. 火山岩气藏储层表征技术[M]. 北京: 科学出版社.

冉启全. 2011. 火山岩气藏储层表征技术[M]. 北京: 科学出版社.

阮宝涛, 张菊红, 王志文, 等. 2011. 影响火山岩裂缝发育因素分析[J]. 天然气地球科学, 22 (2): 287-292.

宋惠珍, 曾海容, 孙君秀, 等. 1999. 储层构造裂缝预测方法及其应用[J]. 地震地质, 21. No.3: 205-213.

孙国强, 姚卫江, 张顺存, 等. 2011. 准噶尔盆地中拐地区石炭—二叠系火山岩地球化学特征[J]. 新疆石油地质, 32(6): 580-582.

孙国强, 姚卫江, 张顺存, 等. 2011. 准噶尔盆地中拐地区石炭-二叠系火山岩地球化学特征[J]. 新疆石油.

谭开俊, 张帆, 赵应成, 等. 2010. 准噶尔盆地西北缘火山岩溶蚀孔隙特征及成因机制[J]. 岩性油气藏, 22 (3): 22-25.

汤小燕, 刘之的, 王兴元, 等. 2009. 基于多测井参数的火山岩裂缝识别方法研究[J]. 测井技术, 33 (4): 368-370.

唐建仁, 刘金平, 谢春来, 等. 2011. 松辽盆地北部徐家围子断陷的火山岩分布及成藏规律[J]. 石油地球物理勘探, 36(3): 345-351.

陶国亮, 胡文瑄, 张义杰, 等. 2006. 准噶尔盆地西北缘北西向横断裂与油气成藏[J]. 石油学报, 27 (4): 23-28.

王建国, 耿师江, 庞彦明, 等. 2008. 火山岩岩性测井识别方法以及对储层物性的控制作用[J]. 大庆石油地质与开发, 27(2): 136-142.

王建国, 何顺利, 刘红岐, 等. 2008. 火山岩储层裂缝的测井识别方法研究[J]. 西南石油大学学报 (自然科学版), 30 (6): 27-30.

王京红, 靳久强, 朱如凯, 等. 2011. 新疆北部石炭系火山岩风化壳有效储层特征及分布规律[J]. 石油学报, 32 (5): 758-765.

王军, 戴俊生, 冯建伟, 等. 2010. 乌夏断裂带二叠系火山岩碎屑岩混杂地层裂缝预测[J]. 中国石油大学学报: 自然科学版, 34 (2): 19-24.

王路, 吴国平. 2008. 基于遗传BP神经网络的油气识别[J]. 工程地球物理学报, 5 (2): 169-172.

王洛, 李江海, 师永民, 等. 2015. 全球火山岩油气藏研究的历程与展望[J]. 中国地质, 42 (5): 1610-1620.

王璞珺, 冯志强. 2007. 盆地火山岩: 岩性·岩相·储层·气藏·勘探[M]. 北京: 科学出版社.

王颖, 宋立斌, 张东, 等. 2007. 辽盆地南部深层火山岩岩性识别和岩相划分[J]. 天然气技术, 1 (5): 32-35.

王拥军, 胡永乐, 冉启全, 等. 2007. 深层火山岩气藏储层裂缝发育程度评价[J]. 天然气工业, 27 (8): 31-34.

吴垫虹. 1999. 国外断裂研究中包裹体测温技术的某些应用[J]. 地质科技情报, 18 (1): 85-93.

吴庆福. 1985. 哈萨克斯坦板块准噶尔盆地板片演化探讨[J]. 新疆石油地质, 6 (1): 1-7.

吴庆福. 1985. 论克夏推覆体的形成机制[J]. 石油学报, 7 (3): 29-36.

吴庆福. 1986. 准噶尔盆地发育阶段、构造单元划分及局部构造成因概论[J]. 新疆石油地质, 7 (1): 1-12.

吴庆福. 1986. 准噶尔盆地构造演化与找油领域[J]. 新疆地质, 4 (3): 1-9.

吴时国, 王秀玲, 季玉新. 等. 2004. 3Dmove构造裂缝预测技术在古潜山的应用研究[J]. 中国科学D辑: 地球科学, 34(9): 795-806.

徐丽英, 陈振岩. 2003. 地震技术在辽河油田黄沙坨地区火山岩油藏勘探中的应用[J]. 特种油气藏, 10 (1): 36-39.

闫林, 周雪峰, 高涛, 等. 2004 徐深气田兴城开发区火山岩储层发育控制因素分析[J]. 大庆石油地质与开发, 26 (2): 9-13.

杨懋新. 2002. 松辽盆地断陷期火山岩的形成及成藏条件[J]. 大庆石油地质与开发, 21 (5): 15-23.

杨申谷, 张光明. 2003. 大洼油田火山岩岩相分析[J]. 江汉石油学院学报, 25 (4): 12-14.

杨巍然, 张文淮. 1996. 断裂性质与流体包裹体组合特征[J]. 地球科学中国地质大学学报, 21 (3): 285-290.

姚卫江, 李兵, 张顺存, 等. 2011. 准噶尔盆地西北缘中拐-五八区二叠系-石炭系火山岩储层特征研究[J]. 岩性油气藏, 23 (2): 46-52.

余淳梅, 郑建平, 唐勇, 等. 2004. 准噶尔盆地五彩湾凹陷基底火山岩储集性能及影响因素[J]. 中国地质大学学报, 29(3): 303-308.

俞凯, 刘伟, 沈阿平, 等. 2015. 松辽盆地长岭断陷火山岩气藏勘探开发实践[M]. 北京: 中国石化出版社.

喻高明, 李金珍, 刘德华, 等. 1998. 火山岩油气藏储层及开发特征[J]. 特种油气藏, 5 (2): 60-64.

袁祖贵. 2004. 地层元素测井 (ECS) 评价油水层[J]. 核电子学与探测技术, 24 (2): 126-131.

曾联波, 李忠兴, 史成恩, 等. 2007. 鄂尔多斯盆地上三叠统延长组特低渗透砂岩储层裂缝特征及成因[J]. 地质学报, 81 (2): 174-180.

曾联波, 文世鹏, 肖淑容, 等. 1998. 低渗透油气储层裂缝空间分布的定量预测[J]. 勘探家: 石油与天然气, 3 (2): 24-26.

张尔华, 关晓巍, 张元高. 2011. 支持向量机模型在火山岩储层预测中的应用——以徐家围子断陷徐东斜坡带为例[J]. 地球物理学报, 54 (2): 428-432.

张光亚, 邹才能, 朱如凯, 等. 2010. 我国沉积盆地火山岩油气地质与勘探[J]. 中国工程科学, 12 (5): 30-38.

张吉昌, 刘建中. 1996. 储层构造裂缝的分形分析[J]. 石油勘探与开发, 23 (4): 65-67.

张杰, 史基安, 张顺存, 等. 2012. 准噶尔盆地西北缘晚石炭系—早二叠系火山岩岩石学和地球化学研究[J]. 地质科学, 47(4): 980-992.

张恺. 1989. 新疆三大盆地边缘古推覆体的形成演化与油气远景[J]. 新疆石油地质, 10 (1): 7-15.

张敏, 李建明, 朱望明, 等. 2009. 储层裂缝的观测内容和探测方法[J]. 断块油气田, 1 (165): 40-42.

张明学, 吴杰, 胡玉双. 2009. 松辽盆地丰乐地区营城组火山岩储层预测[J]. 地球物理学进展, 24 (6): 2145-2150.

张年富, 曹耀华, 况军, 等. 1998. 准噶尔盆地腹部石炭系火山岩风化壳模式[J]. 新疆石油地质, 19 (6): 450-453.

张文淮, 陈紫英. 1993. 流体包裹体地质学[M]. 武汉: 中国地质大学出版社.

张新国, 秦启荣, 霍进, 等. 2007. 克拉玛依油田九区石炭系油藏裂缝特征[J]. 西南石油大学学报: 自然科学版, 29(2): 75-77.

张莹, 潘保芝. 2009. 基于主成分分析的 SOM 神经网络在火山岩岩性识别中的应用[J]. 测井技术, 33 (6): 550-554.

张子枢, 吴邦辉. 1994. 国内外火山岩油气藏研究现状及勘探技术调研[J]. 天然气勘探与开发, 16 (1): 1-24.

赵白. 1992. 准噶尔盆地的形成与演化[J]. 新疆石油地质, 13 (3): 191-196.

赵澄林, 孟卫工, 金春爽. 等. 1999. 辽河盆地火山岩与油气[M]. 北京: 石油工业出版社.

赵澄林. 1996. 火山岩储集空间形成机理及含油气性[J]. 地质论评, 42 (Sup): 37-43.

赵建, 高福红. 2003. 测井资料交会图法在火山岩岩性识别中的应用[J]. 世界地质, 22 (2): 136-140.

赵良孝. 1995. 碳酸盐岩裂缝性储层含流体性质判别方法的使用条件[J]. 测井技术, 19 (2): 126-129.

赵新建, 胡刚, 张梦宁, 等. 2011. 火山岩岩性识别方法研究[J]. 国外测井技术, 186 (6): 28-33.

周波, 李舟波, 潘保芝. 2005. 火山岩岩性识别方法研究[J]. 吉林大学学报: (地球科学版), 35 (3): 394-397.

周文, 张银德, 王洪辉, 等. 2008. 楚雄盆地北部 T_3-J 地层天然裂缝形成期次确定[J]. 成都理工大学学报: 自然科学版, 35 (2): 121-126.

周新桂, 操成杰, 袁嘉音. 2003. 储层构造裂缝定量预测与油气渗流规律研究现状和进展[J]. 地球科学进展, 18 (3): 400-403.

周永胜, 张流. 2000. 裂缝性储集层岩芯裂缝统计分析[J]. 世界地质, 19 (2): 118-124.

朱超, 高先志, 杨德相, 等. 2010. 声波曲线重构技术在火山岩储层预测中的应用[J]. 石油天然气学报: 江汉石油学院学报, 32 (3): 258-262.

朱永贤, 唐文连. 2014. 火山岩油气藏储层识别与预测——以三塘湖盆地牛东区块火山岩油藏为例[M]. 北京: 石油工业出版社.

庄博. 1998. 火山岩储集层的地震识别方法探讨——以罗家地区为例[J]. 复式油气藏, 15 (4): 27-31.

邹才能, 侯连华, 陶士振, 等. 2011. 新疆北部石炭系大型火山岩风化体结构与地层油气成藏机制[J]. 中国科学: 地球科学, 41 (11): 1613-1626

邹才能, 赵文智, 贾承造, 等. 2008. 中国沉积盆地火山岩油气藏形成与分布[J]. 石油勘探与开发, 35 (3): 257-271.

左悦. 2003. 油燕沟地区火山岩储层裂缝的研究[J]. 特种油气藏, 10 (1): 103-105.

Andreas S M, Markus W. 2002. Diagenesis and fluid mobilization during the evolution of the North German basin-evidence from fluid inclusion and sulphur isotope analysis[J]. Marine Petrol Geol, 19: 229-246.

Aweierbuhe B M. 1996. 在埋藏火山岩风化壳中寻找油气藏的方法[J]. 刘吉成, 译, 国外地质科技, 1 (5): 15-19.

Bahrami H, Rezaee R, Clennell B. 2012. Water blocking damage in hydraulically fractured tight sand gas reservoirs: An example from Perth Basin, Western Australia[J]. Journal of Petroleum Science and Engineering, 88 (3): 100-106.

Beate E B, Hans G M. 2002. Diagenesis and paleofluid flow in the Devonian Southesk-Cairn carbonate complex in Alberta[J], Candada. Marine Petrol Geol, 19: 219-227.

Benoit W R, Darshan K S. 1980. Geothermal well log analysis at Desert Peak[A], Neaada. 21st SPWLA annual logging symposium transactions Louisiana.

Cas R A F, Wright J V. 1987. Volcanic Successions, Modern and Ancient: a Geological Approach to Processes, Products, and Successions[M]. America: Allen & Unwin.

Corazzato C, Tibaldi A. 2006. Fracture control on type, morphology and distribution of parasitic volcanic cones: An example from Mt. Etna, Italy[J]. Journal of Volcanology and Geothermal Research, 158 (1): 177-194.

DeAngelo M V, Murray P E, Hardage B A, et al. 2008. Integrated 2D 4-C OBC velocity analysis of near-seafloor sediments, Green Canyon, Gulf of Mexico[J]. Geophysics, 73 (6): 109-115.

Fisher R V. 1961. Proposed classification of volcaniclastic sediments and rocks[J]. Geological Society of America Bulletin, 72 (9):

1409-1414.

Fisher R V. 1984. Submarine volcaniclastic rocks[J]. Spec. Publ. geol. Soc. London，16（1），5-27.

Galle C. 1994. Neutron porosity logging and core porosity measurements in the Beauvoir granite，Massif Central Range，France[J]. Journal of applied geophysics，32（2）：125-137.

Gong L，Gao S，Huang J G，et al. 2014. Distribution characteristics of fractures in the volcanic reservoirs of Songliao Basin，China[J]. Advanced Materials Research，962-965（1）：273-276.

Gregovic R，Chang C H，Ebrom D，et al. 1992. Detection of a vertically fractured zone using shear waves：Physical model study[J]. 62nd Ann. Internat. Mtg：Soc. of Expl. Geophys，25（4）：1355-1358.

Gu L X，Ren Z W，Wu C Z，et al. 2002. Hydrocarbon reservoirs in a trachyte porphyry intrusion in the Eastern depression of the Liaohe basin，northeast China[J]. AAPG Bulletin，86（10）：1821-1832.

Hamlin H S，Dutton S P，Seggie R J，et al. 1996. Depositional controls on reservoir properties in a braid-delta sandstone，Tirrawarra oil field，South Australia[J]. AAPG bulletin，80（2）：139-155.

Huang Y，Wang P，Chen S. 2009. Distribution and characteristics of volcanic reservoirs in China[J]. Global Geology，12（2）：64-79.

Hunter B E，Davies D K. 1979. Distribution of Volcanic sediments in the Gulf Coastal Province--Significance to Petroleum Geology[J]. 29（1）：147-155.

Ihsan S A，Jeff L，Julie C. 2002. Multiple fluid flow events and formation of saddle dolomite：case studies from the Middle Devonian of the Western Canada sedimentary basin[J]. Marine Petrol Geol，19：209-217.

Khatehikan A. 1982. Log evaluation of oil-bearing igneous rocks. SPWLA，23rd annual Logging symposium transaetions.

Kojima T，Matsuki K. 1994. A fundamental study on the use of the Kaiser effect for tectonic stress measurement[J]. NDT & E International，27（1）：33-39.

Lajoie J，Stix J，Walker R G，et al. 1992. Facies Models Response to Sea Level Change[J]. Waterloo，Ontario：Geological Association of Canada，7（6）：101-118.

Lajoie J. 1979. Facies model 15：Volcaniclastic rocks[J]. Geoscience anada，6（3）：129-139.

Larsen B，Grunnaleite I，Gudmundsson A. 2010. How fracture systems affect permeability development in shallow-water carbonate rocks：an example from the Gargano Peninsula，Italy[J]. Journal of Structural Geology，32（9）：1212-1230.

Lavrov A. 2003. The Kaiser effect in rocks：principles and stress estimation techniques[J]. International Journal of Rock Mechanics and Mining Sciences，40（2）：151-171.

Le Bas M J，Le Maitre R W，Streckeisen A，et al. 1986. A chemical classification of volcanic rocks based on the total alkali-silica diagram[J]. Journal of petrology，27（3）：745-750.

Lehtonen A，Cosgrove J W，Hudson J A，et al. 2012. An examination of in situ rock stress estimation using the Kaiser effect[J]. Engineering Geology，124：24-37.

Li H J，Yan W L，Wang G W，et al. 2013. Well Logging Identification Methods for Volcanic Lithofacies in the North of Songliao Basin，China[J]. Advanced Materials Research，734：224-234.

Lianbo Z，Yuegang L. 2010. Tectonic fractures in tight gas sandstones of the upper Triassic Xujiahe formation in the western Sichuan basin，China[J]. Acta Geologica Sinica（English Edition），84（5）：1229-1238.

Lüders V，Plessen B，di Primio R. 2012. Stable carbon isotopic ratios of CH 4–CO 2-bearing fluid inclusions in fracture-fill mineralization from the Lower Saxony Basin（Germany）–A tool for tracing gas sources and maturity[J]. Marine and Petroleum Geology，30（1）：174-183.

Luo J，Morad S，Liang Z，et al. 2005. Controls on the quality of Archean metamorphic and Jurassic volcanic reservoir rocks from the Xinglongtai buried hill，western depression of Liaohe basin，China[J]. AAPG bulletin，89（10）：1319-1346.

Masayuki O. 2009. Description of characteristics of volcanic products and distribution of tephras from azumaya volcano，Central Japan[J]. Chigaku Zasshi（Journal of Geography），118（6）：1237-1246.

Matschullat J. 2005. Basin analysis principles and applications[J]. Journal of Soils and Sediments，5（3）：191-191.

Maultzsch S，Chapman M，Liu E，et al. 2003. Modelling frequency-dependent seismic anisotropy in fluid‐saturated rock with aligned fractures: implication of fracture size estimation from anisotropic measurements[J]. Geophysical Prospecting, 51 (5): 381-392.

Michael K, Bachu S. 2002. Origin, chemistry and flow of formation waters in the Mississippian–Jurassic sedimentary succession in the west-central part of the Alberta Basin, Canada[J]. Marine and petroleum geology, 19 (3): 289-306.

Mundula F, Cioni R, Funedda A, et al. 2013. Lithofacies characteristics of diatreme deposits: Examples from a basaltic volcanic field of SW Sardinia (Italy) [J]. Journal of Volcanology and Geothermal Research, 255: 1-14.

Nelson R. 2001. Geologic analysis of naturally fractured reservoirs[M]. America: Gulf Professional Publishing.

Ozkan A, Cumella S P, Milliken K L, et al. 2011. Prediction of lithofacies and reservoir quality using well logs, Late Cretaceous Williams Fork formation, Mamm Creek field, Piceance Basin, Colorado[J]. AAPG bulletin, 95 (10): 1699-1723.

Ozkan A, Cumella S P, Milliken K L, et al. 2011. Prediction of lithofacies and reservoir quality using well logs, Late Cretaceous Williams Fork formation, Mamm Creek field, Piceance Basin, Colorado[J]. AAPG bulletin, 95 (10): 1699-1723.

Ozkan A, Cumella S P, Milliken K L, et al. 2011. Prediction of lithofacies and reservoir quality using well logs, Late Cretaceous Williams Fork formation, Mamm Creek field, Piceance Basin, Colorado[J]. AAPG bulletin, 95 (10): 1699-1723.

Parry W T. 1998. Fault-fluid compositions from fluid-inclusion observations and solubilities of fracture-sealing minerals[J]. Tectonophysics, 290 (1): 1-26.

Powers S, Clapp F G. 1932. Nature and origin of occurrences of oil, gas, and bitumen in igneous and metamorphic rocks [J]. Aapg Bulletin, (8): 719-726.

Powers S. 1931. Future of petroleum geology [abstracts][J]. Geological Society of America Bulletin, (1): 197-197.

Roberts A. 2002. 曲率属性及其在 3D 层位解释中的应用[J]. 陈刚, 译, 勘探地球物理进展, 25 (1): 67-68.

Sandström B, Tullborg E L. 2009. Episodic fluid migration in the Fennoscandian Shield recorded by stable isotopes, rare earth elements and fluid inclusions in fracture minerals at Forsmark, Sweden[J]. Chemical Geology, 266 (3): 126-142.

Sanyal S. K, Juprasert S, Jubasehe J. 1980. An evaluation of rhyolite-basalt-voleanic ash Sequence from welllogs [J]. The log analyst, , Jan-Feb.

Schutter S R. 2003. Occurrences of hydrocarbons in and around igneous rocks[J]. Geological Society, London, Special Publications, 214: 35-68.

Scotchman I C, Carr A D, Astin T R, et al. 2002. Pore fluid evolution in the Kimmeridge Clay Formation of the UK Outer Moray Firth: implications for sandstone diagenesis[J]. Marine and petroleum geology, 19 (3): 247-273.

Sruoga P, Rubinstein iNora, Hinterwimmer G. 2004. Porosity and permeability in volcanic rocks: a case study on the Serie Tobifera, South Patagonia, Argentina[J]. Journal of Volcanology and Geothermal Research, 132 (1): 31-43.

Stefano V, Roberto I . 2014. Fractures and faults in volcanic rocks (Campi Flegrei, southern Italy): insight into volcano-tectonic processes[J]. International Journal of Earth Sciences, 103 (3): 801-819.

Tang H, Ji H. 2006. Incorporation of spatial characteristics into volcanic facies and favorable reservoir prediction[J]. SPE Reservoir Evaluation & Engineering, 9 (05): 565-573.

Tomas M C, Antonio D, Elena V C, et al. 2002. The latest post-variscan fluids in the Spanish central system: evidence from fluid inclusion and stable isotope data[J]. Marine Petrol Geol, 19: 323-337.

Tron V, Brun J P. 1991. Experiments on oblique rifting in brittle-ductile systems[J]. Tectonophysics, 188 (1): 71-84.

Tye R S. 1984. Geological Factors Influencing Reservoir Perfonnance of the Hartzog Draw Field, Wyoming[J]. JPT, 36 (6): 1335-1344.

Udden J A. 1915 .Oil in an igneous rock [J]. Economic Geology, (6): 582-585.

Wang P J, Chen S M, Liu W Z, et al. 2003. Relationship between volcanic facies and volcanic reservoirs in Songliao basin[J]. Oil & Gas Geology, 24 (1): 18-23.

Wang P, Ren Y, Shan X, et al. 2002. The Cretaceous volcanic succession around the Songliao Basin, NE China: relationship between volcanism and sedimentation[J]. Geological Journal, 37 (2): 97-115.

Withjack M O, Jamison W R. 1986. Deformation produced by oblique rifting[J]. Tectonophysics, 126 (2): 99-124.

Yielding G, Walsh J, Watterson J. 1992. The prediction of small-scale faulting in reservoirs[J]. First Break, 10: 449-449.